孩子，愿你心中有爱，眼中有光

邢紫钰 编著

北方妇女儿童出版社
·长春·

图书在版编目（CIP）数据

孩子，愿你心中有爱，眼中有光 / 邢紫钰编著.
长春：北方妇女儿童出版社, 2025. 2. -- ISBN 978-7
-5585-9226-3

Ⅰ. B848.4-49

中国国家版本馆CIP数据核字第2025NE2860号

孩子，愿你心中有爱，眼中有光

HAIZI，YUAN NI XINZHONG YOU AI，YANZHONG YOU GUANG

出 版 人　师晓晖
责任编辑　姜晓坤
装帧设计　韩海静
开　　本　16开
印　　张　9
字　　数　112千
版　　次　2025年2月　第1版
印　　次　2025年2月　第1次印刷
印　　刷　三河市南阳印刷有限公司
出　　版　北方妇女儿童出版社
发　　行　北方妇女儿童出版社
地　　址　长春市福祉大路5788号
电　　话　总编办：0431-81629600

定　　价　59.00元

前言

亲爱的孩子们：

欢迎来到《孩子，愿你心中有爱，眼中有光》这本书的世界。在这里，我们将一起探索如何在成长的道路上保持眼中的光芒与心中的爱。

每一个人都有独特的天赋和潜力，而你们正处在人生中最美好的阶段，充满了无限的可能性。这本书将带你们走进一个充满希望和梦想的旅程，帮助你们发现自己的力量，勇敢面对挑战，并在每一天中找到快乐和意义。

你们会读到许多有趣的故事，这些故事将告诉你们如何在生活中保持积极的态度，如何与他人和谐相处，以及如何在面对困难时不轻言放弃。希望这些故事能激励你们，成为你们成长道路上的指引。

愿你们在阅读本书的过程中，能够感受到温暖和鼓励，学会用爱去看待世界。记住，你们每一个人都是独一无二的。

现在就开始这段美妙的旅程吧！

目录

第1章 当你抬头抑望，世界全是光芒

第2章 拼搏，在青春里迸发朝气

第5章
不抱怨，拥抱这个阳光世界

第6章
追逐梦想，向着远方勇敢飞翔

第7章 心中有爱，目光所及皆是美好

第8章 培养好习惯，每天改变一点点

第 1 章

当你抬头仰望，世界全是光芒

你要相信，自己有无限的可能

导语

你知道吗？在每个人的心中都蕴藏着无数的可能性。无论你喜欢什么，擅长什么，只要相信自己，勇敢地追求梦想，你就能创造出属于自己的奇迹。让我们一起探索，发现自己的兴趣，设定目标，并且努力坚持。相信自己，未来将充满无限的可能！

每个人都拥有无限的可能性。这不仅是一句话，而且是一个真理，它告诉我们，无论我们的梦想有多大，只要我们能够始终如一地相信自己，持之以恒、不懈努力，就必然能够将梦想化为现实。

想象一下，你是一名勇敢的探险家，在浩渺无垠的茫茫宇宙中努力探寻着全新的星球。或者你摇身一变，成为了一名杰出的科学家，成功发明出了能够切实帮助人类的崭新技术。甚至，你还有可能是一名才华横溢的艺术家，精心创作出了足以让整个世界为之惊叹的杰出作品。这些看似遥不可及的设想其实都是有可能实现的，因为你本身就具备着无限的潜力等待被挖掘。

特特很喜欢科学，他立志要成为一名发明家。为了实现这个梦想，他为自己设定了一个小目标：每个月都要发明出一个新奇的东西。他开始阅读科学书籍，观看科学实验视频，并且积极参加学校的科学俱乐部。他的房间里堆满了各种各样的工具和材料，从显微镜到焊接工具，应有尽有。

在实现梦想的过程中，特特遇到了很多困难。有一次，他萌生出要发明一个自动浇花装置的想法，然而尝试了很多次，结果却都是以失败告终。但每一次失败后，他都不曾有过放弃的念头，而是认认真真地分析其中存在的问题，全力以赴地去寻找解决的办法。历经了数不胜数的尝试之后，他终于大功告成！他所发明的自动浇花装置不仅能够按时定量浇水，

还能够依据天气情况灵活调整浇水量。

特特的发明在学校的科学展览会上获得了第一名。他的老师和同学都为他感到骄傲。特特也更加相信自己有无限的可能性。他决定继续努力，发明更多有趣的东西，用来帮助更多的人。

特特的故事告诉我们，只要我们坚定不移地相信自己，善于发现自身的兴趣，科学合理地设定目标，并且坚持不懈地努力拼搏，我们就一定能够达成自己的梦想。

每个伟大的成就都始于一个小小的信念：我可以做到！当你在人生的道路上遭遇困难时，千万不要轻言放弃，要知道，这些不过是助力你们茁壮成长的必经之路。

从今天开始，相信自己，勇敢地追求你的梦想。不要害怕失败，因为失败只是告诉你，还有另一种方式可以成功。

心灵课堂

* 你需要发现自己真正喜欢做的事情。也许你喜欢画画儿，或者你喜欢科学实验，或者你喜欢运动。

* 当你发现了自己的兴趣后，接下来就是设定目标。

* 在实现目标的道路上，努力和坚持是必不可少的。你可能会遇到困难和挫折，但不要轻易放弃。

任何时候，都不要轻易否定自己

导语

每个人在成长的过程中都会遇到困难和挑战，有时候我们可能会觉得自己不够好，或者觉得自己做不到。但是，无论在什么时候，都不要轻易否定自己。因为你们每个人都有无限的潜力和可能性。让我们一起探索，如何在面对困难时，保持信心，相信自己，勇敢前行！

每个人都会遇到困难和挫折，都会有觉得自己不行的时候。但这并不意味着我们真的做不到。其实，很多时候，只要再多试一次，多坚持一下，我们就能发现自己比想象中更强大。

萌萌很喜欢音乐，梦想有一天能站在大舞台上演奏钢琴。为了实现这个梦想，萌萌每天都在家里练习，她的琴声总是那么动听。

有一天，学校宣布要举办一场音乐比赛。萌萌非常兴奋，决定报名参加。她每天都在努力练习，希望能在比赛中表现出色。然而，在一次排练中，萌萌因为紧张而弹错了几个音符。她感到非常沮丧，开始怀疑自己是否真的能在比赛中有好的表现。

萌萌的妈妈注意到了她的情绪变化，温柔地问她发生了什么事。萌萌告诉妈妈她的担忧和害怕。妈妈微笑着对她说：“每个人都会犯错，这很正常。重要的是不要轻易否定自己。你已经很努力了，只要继续坚持，相信自己，你一定能做到。”

听了妈妈的话，萌萌决定不再轻易否定自己。她重新振作起来，继续每天练习。她还请教了音乐老师，老师给了她很多有用的建议和鼓励。萌萌渐渐找回了自信，弹奏得越来越好。

比赛当天，萌萌站在舞台上，心里还是有些紧张。但她记住了妈妈和老师的话，深吸一口气，开始演奏。她的琴声流畅而优美，赢得了观众们热烈的掌声。最终，萌萌在比赛中获得了第二名，她感到非常开心和自豪。

无论在什么时候，都不要轻易否定自己。每个人都会遇到困难和挫折，但只要我们相信自己，勇敢面对，就一定能克服困难，实现梦想。

世界上有很多伟大的人物，在他们小的时候，也和你们一样，有过失败和挫折。但是他们从来没有放弃，他们相信自己，坚持不懈，最终实现了自己的梦想。比如，托马斯·爱迪生发明了电灯泡，但在此之前，他试验了上千次。他说过："我没有失败，我只是发现了一千种不行的方法。"

所以，当你们遇到困难的时候，不要忘记给自己加油，相信自己的能力。你们每个人都是独一无二的，都有无限的可能。

心灵课堂

* 要记住，每个人都会犯错。犯错并不可怕，可怕的是因为一次错误就否定自己。

* 找到自己的优点，并且相信自己可以做得更好。不要因为一时的失败而忽视了自己的优点。

* 当你感到困惑或沮丧时，不要害怕寻求帮助。可以向老师、家长或朋友倾诉你的感受。

可以输给环境和对手，但不能输给自己

导语

在我们成长的过程中，会遇到很多挑战和困难。有时候，我们可能会在比赛中输给对手，或者在学习中遇到难题。这些都是很正常的事情。但是，无论在什么情况下，我们都不能输给自己。

我们要知道，生活中总会有一些挑战和困难。比如，学习遇到难题，或者是在体育比赛中遇到强大的对手。这些都是我们成长过程中的“环境和对手”。

面对这些挑战，我们有时候可能会感到害怕或者沮丧，但这都是正常的。重要的是，我们不能放弃，不能对自己说：“我做不到。”

因为当我们对自己说“我做不到”的时候，我们就已经输给了自己。我们的心态和信念是非常强大的力量。如果我们相信自己能够克服困难，那么我们就已经迈出了成功的第一步。相反，如果我们一开始就放弃了，那么即使我们有能力，也可能永远不会成功。

亮亮是班上的足球队队长，也是同学们眼中的足球明星。今天他的球队要和另一个学校的球队进行一场比赛。

比赛开始了，亮亮的球队很快就落后了。对方的队员个个身高力壮，技术也非常出色。亮亮的队友们开始感到沮丧，有的甚至想要放弃比赛。亮亮看到这一切，心里也很焦虑，但他没有放弃。他想起了爸爸曾经对他说的话："可以输给环境和对手，但不能输给自己。"

亮亮深吸一口气，决定不让自己和队友们陷入绝望的情绪中。他用坚定的语气鼓励队友们："不要放弃，我们要相信自己！"他带头冲锋，努力抢球、传球、射门。他的热情感染了其他队员，大家也开始发挥出自己

的水平。比赛的局面慢慢开始改变。

最终，虽然亮亮的队伍没有赢得比赛，但他们收获了更重要的东西：自信和坚持不懈的精神。亮亮和他的队友们明白了，真正的失败不是输给了对手，而是放弃了自己。

生活中我们难免会遭遇各种不利的环境因素，或是遇到实力强劲的对手，这些都可能成为我们前进道路上的绊脚石。但我们必须明白，暂时的失利并不等同于最终的失败。环境虽然可以影响我们，却绝不能定义我们；对手的强大，更是激励我们不断超越自我的动力源泉。

信念是支撑我们走过风雨、跨越障碍的强大力量。我们绝不能自己先在心里认输。我们要相信自己拥有改变现状、超越极限的潜能。每天，不论多么微小的进步，都是向着目标迈进的一步。持之以恒，积少成多，最终我们就能战胜苦难，获得成功。

心灵课堂

* 相信自己：你有能力解决问题和克服挑战。
* 坚持不懈：不要因为一次失败就放弃，每一次尝试都是向成功迈进的一步。
* 保持积极：用积极的态度面对困难，这样你会更容易找到解决问题的方法。

永远保持乐观的心态

导语

在我们成长的过程中，会遇到很多不同的事情。有时候，我们会感到开心和快乐；有时候，我们也会遇到困难和挑战。在遇到困难和挑战的时候，保持乐观的心态非常重要。乐观的心态可以帮助我们更好地面对生活中的各种情况，让我们变得更加坚强和快乐。

在生活的舞台上，每个人都在追寻着幸福与成功的秘诀。你可曾想过，有一种神奇的力量，它能在困境中点亮希望之光，在挫折中孕育胜利之花？那便是乐观。

什么是乐观？乐观就是即使在不太好的情况下，也相信事情会变好的一种态度。这就像是，当天空中布满乌云时，我们仍然相信太阳就在云层后面等着我们。

为什么保持乐观这么重要呢？因为乐观的人更容易感到快乐和满足。当我们乐观时，我们会发现生活中的美好事物，即使是一朵小小的花或是一只漂亮的蝴蝶，都能让我们的心情变好。而且，乐观的人在遇到问题时，也更能找到解决问题的方法。

小美是一个乐观的女孩儿，遇到什么事都能乐观对待。有一天，小美的学校宣布要举办一场绘画比赛。小美非常喜欢画画儿，她决定参加比赛。

比赛开始了，小美拿起画笔，尽情地在画纸上挥洒。但由于太过着急，她不小心把她的画儿弄脏了。虽然遇到了困难，但小美没有放弃。她深吸一口气，告诉自己："没关系，我可以重新画一幅。"她拿出新的画纸，开始重新创作。虽然时间很紧张，但小美依然保持乐观的心态。她相信，只要自己努力，就一定能画出更好的作品。

终于，比赛结束了，评委开始评选作品。小美并没有获得第一名，甚

至没有进入前三名。但是，当老师宣布特别奖项——最具创意奖时，小美的名字被叫了出来。原来，评委们被小美的纯真和乐观打动。她的画儿虽然技巧不是最好的，但她的画儿和她的人一样，传递出一种积极向上的力量。

乐观的心态能够帮助我们更好地面对挑战，不被困难击倒。它能让我们在竞争中展现出自己的优势，在面对挑战时保持冷静和自信，从而能够发挥出自己的最佳水平。这种积极的心态不仅能够帮助我们取得好成绩，还能让我们在朋友中更加受欢迎，成为大家学习的榜样。

孩子，请时刻保持一颗乐观向上的心吧。无论遇到什么困难，都要相信自己能够克服。用乐观的心态去面对生活，你会发现世界变得更加美好，自己也会变得更加优秀。

心灵课堂

* 当遇到困难时，试着找到其中的积极方面。比如，虽然下雨天不能出去玩，但可以在家里读书或画画儿。

* 与积极的人交往：和那些乐观、积极的人在一起，他们的好心情会传染给你，让你也变得更乐观。

* 保持微笑：微笑可以让你感到更快乐，也会让周围的人感到温暖。

自信，让你从优秀走向卓越

导语

自信是一种非常重要的品质。它不仅能让我们在学习和生活中表现得更好，还能帮助我们从优秀走向卓越。今天，我们一起来探讨一下，自信是如何让我们变得更加出色的。让我们一起发现自信的力量吧！

在成长的道路上，自信是一盏明灯，照亮我们前行的方向。建立自信心不仅能帮助我们在学习上取得更好的成绩，还能在生活中更加勇敢地面对挑战。

小辉非常聪明，学习成绩一直很好，但他有一个小小的缺点——他不太自信，特别是在公众面前讲话时总是感到紧张。

有一天，学校宣布要举办一场演讲比赛。小辉的老师鼓励他参加，说这是一个锻炼自信的好机会。小辉虽然有些害怕，但他决定试一试。他知道，如果能克服这个困难，他会变得更加优秀。

小辉给自己设定了一个小目标：每天练习演讲十分钟。他在家里对着镜子练习，还请爸爸妈妈和朋友们当观众，给他提意见。每次练习结束后，小辉都会总结自己的表现，找出需要改进的地方。

在准备演讲的过程中，小辉遇到了很多困难。有时候，他会忘词；有时候，他会因为紧张而说错话。但每次遇到困难时，小辉都没有放弃。他告诉自己：“我可以做到，只要我继续努力。”他不断练习，不断改进，逐渐找回了自信。

比赛当天，小辉站在舞台上，心里还是有些紧张。但他没有让这些情绪左右自己，而是深吸一口气，稳住心神，想起了自己每天的练习和努力。他开始演讲，声音清晰而有力，内容生动有趣。观众们都被他的表现

吸引，给予了热烈的掌声。最终，小辉在比赛中获得了第一名。

通过这次演讲比赛，小辉不仅克服了恐惧，还变得更加自信。他发现，只要相信自己，设定目标，并且努力坚持，就能从优秀走向卓越。小辉的老师和同学们都为他感到骄傲，他自己也感到非常自豪。

自信是每个人都可以培养的品质。它不是与生俱来的，而是通过不断的努力和实践形成的。对于小学生来说，学会自信是非常重要的。它可以帮助他们更好地适应学校生活，建立良好的人际关系，提高学习成绩。

心灵课堂

* 设定一些小目标，并努力去实现它们。每次完成一个目标，你都会感到很有成就感，这会增强你的自信心。

* 遇到困难时，不要只看到消极的一面。试着找到积极的方面，相信自己可以克服困难。

* 勇于尝试新事物，不怕失败。每一次新的尝试都是一次学习的机会，让你变得更加自信和坚强。

第2章

拼搏，在青春里迸发朝气

坚持下去，事情没你想的那么难

导语

“坚持”和“耐心”是一个人身上非常珍贵的品质。无论是在学习、运动还是生活中，只要我们能够坚持不懈、耐心等待，就一定能取得成功。

在日常生活中，很多事情都不是一下子就能做好的。比如你学习的时候，有时候一道数学题可能很难，但是只要你有耐心，不着急，一步一步地去思考，就一定能找到答案。又如你学骑自行车，一开始可能会摔倒，但是如果你不放弃，坚持去练习，慢慢地，你就会骑得越来越好。

成功不是一蹴而就的，做任何事情都需要你有坚持下去的决心和耐心。

阿伟是一个非常喜欢运动的小男孩，但他一直害怕水。每次看到游泳池，他都会有点儿紧张。一天，妈妈带他去游泳馆报名学游泳。阿伟虽然有点害怕，但他决定勇敢尝试。

第一节游泳课，阿伟穿上了游泳衣，站在浅水区边上。教练告诉他，首先要学会在水中放松。阿伟慢慢地走进水里，感觉水凉凉的，有点儿害怕。教练鼓励他说："不要怕，水会托住你的。试着放松，慢慢来。"

接下来的几节课，教练教阿伟如何在水中漂浮、踢腿和划水。阿伟一开始总是做不好，不是沉下去，就是动作不协调。他有点儿灰心，但教练和妈妈一直鼓励他："不要放弃，坚持下去，你一定能学会！"

有一次，阿伟在练习蛙泳时，怎么也找不到节奏，总是呛水。他很沮丧，甚至想放弃。教练看到后，对他说："阿伟，学游泳需要时间和耐心。每个人都会遇到困难，但只要坚持练习，就一定能克服。"

阿伟听了教练的话，决定不放弃。他每天都抽出时间来练习，慢慢地，他发现自己越来越熟练。终于有一天，他能够顺利地游完一个来回

了！阿伟高兴极了，他知道这是他坚持和努力的结果。

现在，阿伟已经成了游泳队的一员，他不仅学会了蛙泳，还学会了自由泳和仰泳。他非常喜欢游泳，每次在水中，他都感到无比的快乐和自由。

就像小种子要经过很长时间才能长成大树，我们也要在追求目标的道路上，保持坚持和耐心，这样才能收获成功的果实。

心灵课堂

* 定期回顾自己设定的目标和已经取得的进展。这会帮助你看到自己的努力和成果，增强信心和动力。

* 每天记录自己的练习情况和感受，并进行反思。通过记录和反思，了解自己的优点和需要改进的地方，逐步提高。

好心态，助你撑过黎明来临前的黑暗

导语

在我们的人生中，有时候会遇到一些困难和挑战，让我们感到灰心丧气。但是，只要我们保持一个好心态，就能撑过这些黑暗的时刻，迎来黎明的曙光。今天，我们一起来学习如何用积极的心态面对生活中的各种困难，让自己变得更坚强、更快乐。

小朋友们，你们是不是经常听到“好心态”这个词。那么，什么是好心态呢？

好心态是面对困难不害怕。当你遇到难题时，不会被困难吓倒，而是勇敢地去思考解决办法。

好心态是失败后不灰心。参加比赛输了，不会垂头丧气，而是看到自己的不足，努力改进，为下一次比赛做好准备。

好心态是与他人有矛盾时不生气。和同学发生争执，不会大发脾气，而是冷静下来，沟通交流，化解矛盾。

拥有好心态，能让你在面对生活中的各种情况时，都能保持积极乐观，勇敢地向前迈进。

林浩是一个非常乐观的孩子，他总是面带微笑，即使在困难的时候也不例外。有一次，他的学校举办了一年一度的跑步比赛，林浩非常兴奋地报名参加了。

比赛那天，天气突然变坏，乌云密布，还刮起了大风。其他的孩子都很担心，但林浩却不同，他对自己说："这只是暂时的，就像生活中的困难一样，总会过去的。"他的这种好心态感染了周围的人，大家都鼓起勇

气，准备迎接比赛。

枪声响起，孩子们像离弦的箭一样冲出起跑线。林浩并不是最快的，但他坚持不懈，一步步向前。当他跑到一半时，天空下起了倾盆大雨，许多孩子选择了放弃。林浩却依然坚持，他记得父母告诉他的话："黑暗总是在黎明来临前最深，只要坚持，就能看到光明。"

最终，林浩跑到了终点，虽然他没有获得第一名，但他赢得了大家的尊敬和掌声。他的好心态帮助他撑过了比赛中的"黑暗"，看到了自己的"黎明"。

无论遇到什么困难，都不要轻易放弃。好心态是我们最好的伙伴，它可以帮助我们渡过难关，迎接每一个新的开始。小朋友们，请保持好心态，勇敢地面对生活中的每一个挑战吧！

心灵课堂

* 当我们遇到困难时，积极的心态就像一盏明灯，指引我们前行。试着每天对自己说："我能行！"相信自己的力量，相信自己能够克服困难。

* 有时候，我们需要给自己一些时间放松。可以做一些你喜欢的事情，比如画画儿、听音乐或者读书。放松心情，有助于我们更好地面对挑战。

年轻的资本就是输得起

导语

你害怕自己会输吗？输其实并不可怕，它是成长的必经之路，也是一次宝贵的学习机会，能让我们更加清楚地认识自己的不足，从而不断进步。

今天，就让我们好好来聊聊这个话题吧！

“输得起”就是指我们在遇到失败的时候，不害怕、不气馁，而是勇敢地面对它。失败并不可怕，它只是我们成长过程中的一部分。每一次失败，都是一次学习的机会，让我们变得更强大、更聪明。

那么，为什么说年轻的资本就是输得起呢？这是因为年轻人有时间去尝试新事物，即使失败了，也有足够的时间去学习和改进。当你还是小学生的时候，你有很多机会去学习新知识，尝试不同的活动，发现自己的兴趣和激情。这些都是你的年轻资本，是你最宝贵的财富。

小辉是一个非常喜欢打篮球的小男孩儿。他每天放学后都会去篮球场练习，希望有一天能成为学校篮球队的一员。然而，小辉的篮球技术并不是很好，每次比赛他都很容易失误，常常被对手抢断球。

有一次，学校举行了一场篮球选拔赛，小辉也报名参加了。他非常紧张，因为他知道自己的技术还不够好。比赛开始后，小辉尽力发挥，但还是出现了很多失误，最终没有被选上。

小辉非常难过，觉得自己永远也不能实现篮球梦了。他回到家，把事情告诉了爸爸。爸爸听了之后，微笑着对他说："小辉，失败并不可怕。重要的是你从中学到了什么。你还年轻，有的是时间去改进和提高。"

听了爸爸的话，小辉决定不放弃。他每天放学后继续去篮球场练习，向教练和队友请教技巧。虽然有时候还是会失败，但他不再害怕，而是把每一次失败当作一次学习的机会。

几个月后，学校又举行了一次篮球选拔赛。这次，小辉表现得非常出色，他的技术有了很大的进步，最终成功入选了学校篮球队。

小辉非常开心，他知道这是因为他没有害怕失败，而是勇敢地面对失败和改进自己的结果。

小辉的故事告诉我们，只要不怕失败，勇敢面对，最终一定会取得成功。年轻的你们，有无限的可能性，不要害怕失败，勇敢地去尝试吧！

心灵课堂

* 失败并不意味着你不行，而是告诉你还有进步的空间。保持积极的心态，相信自己可以做得更好。

* 每次失败后，想一想自己哪里做得不够好，下次可以怎么改进。这样，你就会越来越接近成功。

* 不要因为害怕失败而不敢尝试新事物。勇敢地去尝试，即使失败了，也是一种成长。

强烈的决心，让你看见胜利的曙光

导语

在我们的生活中，有一种神奇的力量叫做决心。它能帮助我们克服困难，看到胜利的曙光。无论你做什么，都要有强烈的决心。不要害怕失败，不要害怕困难，因为决心会给你力量，让你看到成功的可能。

决心是当你决定要做一件事情时，不管遇到什么困难，都要坚持下去的那种力量。比如说，你想学会骑自行车。刚开始可能会摔倒很多次，但只要你有决心，不放弃，最终你一定能学会。

强烈的决心，如同明亮的灯塔，在人生的海洋中为我们指引方向。当我们拥有强烈的决心时，就仿佛拥有了一把神奇的钥匙，可以打开通往成功的大门。

乐乐是一名三年级的小学生，他有一个梦想，就是成为学校的长跑冠军。可是，乐乐的体质并不好，每次跑步比赛，他总是跑在最后。很多同学都笑话他，说他不可能成为冠军。

尽管如此，乐乐没有放弃。他暗暗下定决心：“我一定要成为长跑冠军！”从那天起，乐乐每天早上五点钟就起床，开始跑步训练。无论是刮风下雨，还是寒冷的冬天，他都坚持不懈。

训练的过程并不容易。乐乐的腿经常酸痛，有时候甚至跑不动了。但他总是告诉自己：“再坚持一下，我一定能行！”他的爸爸妈妈也鼓励他，不断给他加油打气。

经过几个月的努力，乐乐的跑步速度越来越快，体力也越来越好。终于，在学校的运动会上，乐乐参加了长跑比赛。比赛开始后，乐乐一开始并没有跑在前面，但他一直保持着自己的节奏，慢慢地超过了一个又一个对手。最后，乐乐冲过终点线，成为冠军！

当乐乐站在领奖台上，手捧奖杯时，他的心里充满了喜悦。他知道，这一切都是因为他的决心和坚持。

强烈的决心是成功的关键。它可以帮助我们克服困难，达到目标。无

论面对什么挑战，只要有决心，就有可能取得胜利。

记住，无论你做什么，都要有强烈的决心。不要害怕困难，不要轻易放弃。只要你有决心，你就会看到胜利的曙光。

心灵课堂

* 把大目标分成一个个小目标，每完成一个小目标，你就会更有信心。

* 遇到困难时，不要灰心丧气。告诉自己：“我可以做到！”

* 看看那些成功的人，他们都是通过决心和努力才取得了今天的成就。

那些打不倒你的，终将使你更强大

导语

你们有没有遇到过一些让你觉得很难过的事情？比如说，考试没考好，或者在运动会上没有取得好成绩。这些事情可能会让你感到失望和难过，但你知道吗？这些经历其实可以让你变得更强大！

你们可能听过这样一句话：“那些打不倒你的，终将使你更强大。”这句话的意思是，当我们遇到困难时，如果我们不放弃，坚持下去，我们就会变得更加坚强和勇敢。

想象一下，你在学校里学习骑自行车。一开始，你可能会觉得很难，甚至会摔几跤。但是，如果你不放弃，继续练习，很快你就能学会骑自行车，而且骑得越来越好。这就是一个变得更强大的过程。

在生活中，我们每个人都会遇到各种各样的挑战，比如学习上的难题，或者和朋友之间的小矛盾。这些挑战就像是我们成长路上的考验。它们可以帮助我们学会更多的知识，提高我们解决问题的能力，让我们变得

更加聪明和有经验。

小松是个聪敏的孩子，但就是数学不行。不管他怎么努力，成绩总是不理想。这让他感到沮丧和自卑。

一天，小松的数学老师宣布了一个消息：将会有一场全校的数学竞赛。小松的心里五味杂陈，他既害怕又兴奋。他知道这是一个证明自己的机会，也是一个自己面对恐惧的机会。小松决定报名参加。

接下来的几周，小松开始了艰苦的准备。他每天放学后都会留下来向老师请教难题，晚上还会在家里复习。他的父母也非常支持他，给他提供了一个安静的学习环境。小松开始慢慢地感受到数学的乐趣，他的信心也在逐渐增强。

终于，竞赛的日子到了。小松紧张地走进考场，心里默念着：“那些打不倒我的，终将使我更强大。”考试开始了，小松专注地解答每一个问题。他发现，很多问题都是他曾经练习过的类型，他能够顺利地解答。

当成绩公布的那一刻，小松看到自己的名字出现在优胜者名单上，他简直不敢相信自己的眼睛。他做到了！他克服了自己的弱点，证明了自己的能力。

每个人都有可能遇到挑战和困难，但这些都不会是终点。只要我们不放弃，勇敢地面对，那些打不倒我们的，终将使我们更强大。小松的故事激励了无数像他一样的小学生，让他们相信，只要努力，没有什么是不可能的。

心灵课堂

* 保持积极的心态。遇到困难时，不要灰心丧气。告诉自己：“这只是暂时的，我一定能克服！”

* 总结经验。每次遇到挫折后，想一想自己学到了什么，下次怎么做可以做得更好。

第5章

打碎玻璃心，人生需要一点儿钝感力

从他人的身上，你无法寻找到安全感

导语

你有没有过这样的感觉：当你们和朋友在一起时，会觉得很开心和安全，但当一个人独处时，却会感到有点儿害怕和不安？其实，这种感觉是很正常的。今天，我们来聊一聊如何从自己身上找到安全感。

安全感是一种心理状态，它让我们感到舒适、稳定和无忧无虑。但是，安全感并不是从外界获得的，而是来自我们内心的信念和感受。

虽然朋友和家人可以给我们带来很多快乐和支持，但我们不能总是依赖他们来获得安全感。因为他们不可能一直陪在我们身边。我们需要学会从自己身上找到安全感，这样才能在任何情况下都感到安心。

安安是一个很喜欢和朋友们一起玩的孩子。他觉得只有和朋友们在一起时，才不会感到孤单和害怕。有一次，安安的好朋友小华因为生病不能来学校，安安一下子变得很不安。他在课堂上无法集中注意力，课间也不敢一个人去操场玩。

看到安安的变化，班主任李老师找他谈话。李老师温柔地问："安安，你今天怎么了？为什么看起来不开心呢？"安安低着头说："因为小华不在，我觉得很孤单，也有点儿害怕。"

李老师微笑着说："安安，其实你是一个很勇敢的孩子。你知道吗？真正的安全感是来自我们自己，而不是别人。你可以试着相信自己，学会独立，这样无论在什么情况下，你都会感到安心。"

听了老师的话，安安决定试试看。他开始尝试自己做一些事情，比如独自完成作业，主动和其他同学交流。渐渐地，安安发现自己变得越来越自信了。即使小华不在，他也能开心地度过每一天。

有一次，班级里组织了一次小组活动，安安主动担任了小组长。他带领小组成员完成了任务，得到了老师和同学们的表扬。安安感到非常自豪，他终于明白了，真正的安全感是来自相信自己和学会独立。

虽然朋友和家人可以给我们带来很多快乐和支持，但真正的安全感是来自我们自己。自己穿衣、自己整理书包、自己完成作业……只有当你依靠自己，不断成长进步时，才能拥有真正的安全感，成为一个坚强、自信的人。

心灵课堂

* 相信自己，你有能力解决问题和达成目标。
* 挑战自己，尝试新事物，即使它们看起来很难。
* 庆祝成功，当你做得好时，给自己一些奖励。
* 保持积极，即使在困难时期，也要记得乐观。

一棵青青小草，照样给大地带来生机

导语

小朋友，虽然小草看起来很不起眼，但它们却能给大地带来生机和希望。就好像每一粒种子一样，他们虽然不同，但最终都会找到最适合生长的土地。就像我们每个人都有自己的特长和兴趣，只要找到适合自己的环境，就能茁壮成长。

如果不是耀眼的太阳，那么就做一颗闪烁的星星，照样能在夜里发光发亮；如果不是参天大树，那么就做一棵青青小草，照样给大地带来一抹生机。要相信，每一粒种子终归有适合它的土地。

我们应该认识到，适合自己的才是最好的。不要一味地邯郸学步，因为适合他人的不一定适合自己；也不要勉强自己去做自己根本无法做到的事情，那样有可能适得其反。只有找准适合自己的位置，你才能更加得心应手，取得更好的成绩。

诗诗是一个喜欢画画儿的小女孩儿。她总是带着她的小画本，画出各种美丽的图画。但是，诗诗在学校里却有些不开心。她的同学们都喜欢运动和游戏，而她更喜欢安静地画画儿。她觉得自己和大家不一样，有点儿孤单。

有一天，美术老师李老师注意到了诗诗的画儿。李老师对诗诗说：“诗诗，你的画儿真漂亮！你有没有想过参加学校的绘画比赛呢？”诗诗有些犹豫，但在老师的鼓励下，她决定试试看。

为了准备比赛，诗诗每天放学后都在家里练习画画儿。她用心地观察身边的事物，把它们画在纸上。她还向李老师请教，学习了很多新的绘画技巧。虽然有时候会觉得累，但她从未放弃。

比赛那天，诗诗带着她的作品来到学校。她有些紧张，但还是勇敢地

把画儿交了上去。几天后，比赛结果公布了，诗诗的画儿获得了第一名！她的同学们都为她感到骄傲，纷纷向她祝贺。

通过这次比赛，诗诗明白了，每个人都有自己的特长和兴趣。虽然她不擅长运动，但她在绘画方面找到了自己的“土地”，并且在这片“土地”上茁壮成长。她也学会了相信自己，勇敢追求自己的梦想。

即使是平凡的小草，也有它的特长，每一粒种子都有它最适合生长的土地。我们每个人都有自己的特长和兴趣，只要找到适合自己的环境，就能茁壮成长。相信自己，勇敢追求自己的梦想，你们也能像诗诗一样，找到属于自己的“土地”！

心灵课堂

* 发现自己的兴趣。多尝试不同的活动，找到自己喜欢的事情。
* 努力学习，在自己喜欢的领域里不断努力，积累知识和技能。
* 相信自己，勇敢面对挑战，不轻易放弃。

越害怕的事情，越容易发生

导语

你有没有发现？有时候我们越害怕某件事情发生，它就越有可能发生。这主要的原因就是恐惧。今天，我们来聊一聊为什么会这样，以及如何克服恐惧，勇敢面对生活中的挑战。

我们经常会遇到这样的事情，越是担心什么就越会遇到什么。在面对一些重要的任务或者关系重大的事件的时候，上天仿佛是在跟人们对着干一样，越是怕出错，就越是出错。

各位小朋友可以仔细想一下，你下周准备期末考试，想着千万别在考试前生病时，往往会在临近考试前几天突然就会生病。这种事我们有句俗语——怕什么，来什么。

美国著名的气步枪选手马修·埃蒙斯就深陷其困扰。

在 2004 年的雅典奥运会赛场上，来自美国的射击选手马修·埃蒙斯前 9 枪打出了优异的成绩，人们认为只要他能正常发挥，就可以稳稳地将金牌收入囊中了。可是意外偏偏就在这时发生了，马修·埃蒙斯竟然将子弹打入了隔壁选手的靶子上，而且是个 10.6 环。就这样埃蒙斯丢了一块奥运金牌。在四年之后的北京奥运会上，埃蒙斯再次上演了这样的悲剧。在倒数第二轮领先第二名 4 环的情况下，他最后一枪又出现了严重失误，只打出了 4.4 环，于是埃蒙斯再次将金牌拱手让人。当然，悲剧也不会因此而结束，到了 2012 年的伦敦奥运会，埃蒙斯再次在最后一枪出现失误，将唾手可得的银牌，拱手让给了一位韩国选手。

美国斯坦福大学研究人员发现：人的大脑中的某一想象图像，会对人的神经系统进行刺激，将自己假设的情况作为真实情况，并会为之努力。

比如，上文提到的埃蒙斯，在射击之前，他总是感到焦虑，担心自己射不出好成绩，于是他会一再告诉自己不要将子弹射偏，这时候他的大脑便会自然地形成一种子弹射偏的清晰图像。结果就像是跟他开玩笑一般，子弹会偏出靶心。

因此，学会放平心态，不要将失败的结果看得太过严重，不能让自己一直处于焦虑的状态。要换一种心态，想着失败一次又如何，大不了从头再来。

美国诗人惠蒂尔说：“从不获胜的人很少失败，从不攀登的人很少跌倒。”想赢就不要怕输，想收获人生的辉煌，就不要怕经历失败或是遭受打击。胜利固然值得骄傲，在拼搏中经受失败的人更值得尊重。

心灵课堂

* 当你感到害怕时，试着深呼吸，让自己冷静下来。放松心情可以帮助你更好地面对挑战。

* 不要总是想着最糟糕的结果，试着想象成功的情景。积极的想法会让你更有信心。

* 多练习和准备可以增加你的信心，让你在面对挑战时更加从容。

烦琐的小事不要时刻挂在心上

导语

生活中有很多烦琐的小事，如果我们总是把它们挂在心上，会让自己感到很累。比如，作业没写好、和朋友闹矛盾、考试没考好等等。这些事情虽然不大，但如果总是想着它们，会让我们感到很不开心。今天，我们来聊一聊如何学会放松，不让小事影响我们的心情。

英国诗人莎士比亚曾说："谁能够在惊愕之中保持冷静，在盛怒之下保持稳定，在激愤之间保持清醒，谁才是真正的英雄。"

当我们遇到鸡毛蒜皮的小事时，不妨先冷静思考，捋清脑海中纷乱的思绪，让慌乱不安的心镇定下来，最终以清醒客观的态度去面对问题，努力找出解决问题的方法，将当下的损失降到最低。

盼盼是一个很认真的小女孩儿。她总是希望自己能把每件事情都做好。有一天，盼盼在学校里遇到了一些小麻烦，她最喜欢的自动铅笔不见了。她感到非常烦恼，一整天都在想着这件事情，连上课也无法集中注意力。

看到盼盼这样，班主任李老师找她谈话。李老师温柔地问："盼盼，

你今天怎么了？为什么看起来不开心呢？”盼盼低着头说：“我最喜欢的自动铅笔不见了，我一直在想着这些事情，心情很不好。”

李老师微笑着说：“盼盼，生活中有很多小事，如果我们总是把它们挂在心上，会让自己很累。我们要学会放松，不让这些小事影响我们的心情。你可以试着深呼吸，转移注意力，做一些自己喜欢的事情。”

听了老师的话，盼盼决定试试看。她深吸了一口气，让自己冷静下来。然后，她和朋友们一起玩游戏，暂时忘记了那些烦恼。过了一会儿，盼盼发现自己的心情好多了。她重新找了一下，终于在书包的夹层里找到了自动铅笔。

生活中有很多烦琐的小事，但我们不能总是把它们挂在心上。学会放松，保持积极的心态，我们会发现生活变得更加轻松愉快。

心灵课堂

* 当你感到烦恼时，试着深呼吸几次，让自己冷静下来。深呼吸可以帮助我们放松心情。

* 做一些自己喜欢的事情，比如画画儿、听音乐、运动等，可以让我们暂时忘记烦恼，心情变得愉快。

* 当你感到烦恼时，可以和朋友聊一聊。朋友的安慰和支持会让你感到轻松。

生活中，没必要去讨好别人

导语

在我们的生活中，有很多人会和我们相处，但我们不必讨好每一个人。今天，我们来聊一聊为什么不需要讨好所有人，以及如何学会做自己，让自己变得更加快乐和自信吧！

在这个世界上，有很多的人，每个人都有自己的想法和做事的方式。有时候，我们可能会觉得需要让每个人都喜欢我们，但这其实并不是必要的，也是不可能的。

每个人都是独一无二的，我们不可能让所有人都满意。这就像是在一个大果园里，有各种各样的水果，我们不可能每一种都尝一遍，对吧？

所以，我们要学会的是，做自己。我们要相信自己，做自己认为对的事情，而不是总想着去讨好别人。

小风是一个非常友好和乐于助人的孩子，他总是尽力去帮助每一个人，希望得到大家的喜欢和认可。

然而，这一天，他遇到了一个问题。他的一个朋友要求他放弃自己的游戏时间去帮他辅导作业，而另一个朋友则希望他加入他们的足球游戏。小风感到非常困惑，他不知道该如何选择，因为他不想让任何人失望。

这时，他的老师走过来，看到了小风困惑的表情，便问他发生了什么事。小风向老师诉说了自己的烦恼。老师微笑着，给了他一个宝贵的建议："小风，你是一个非常善良的孩子，但你不需要去讨好每一个人。最重要的是做真实的自己，做你认为正确的事情。如果你总是试图让所有人都满意，那么你最终会忽略了自己的感受和需求。"

小风听了老师的话，恍然大悟。他决定先完成自己的游戏，然后再去

帮助需要帮助的朋友。他意识到，他不能总是放弃自己的兴趣和时间去取悦别人。他学会了如何平衡自己的时间和他人的需求，同时也学会了如何说“不”。

这个故事告诉我们，我们不必去讨好每一个人。我们应该尊重自己，同时也尊重他人。每个人都有自己的需求和界限，学会拒绝，勇敢地表达自己的真实想法和需求，也是一种重要的生活技能。

心灵课堂

* 当你不愿意做某件事情时，勇敢地说“不”。这并不意味着你不友好，而是你在尊重自己的感受。

* 不要害怕表达自己的想法和感受。真正的朋友会理解和尊重你。

* 和那些尊重你、理解你的人交朋友。这样你会感到轻松和快乐。

* 相信自己，相信自己的价值。你不需要通过讨好别人来证明自己的价值。

第4章

通往光明的道路上，总是荆棘满地

缺憾是断臂的维纳斯，不完美才是最美

导语

你听说过断臂的维纳斯吗？她是一尊非常著名的雕像，虽然她的双臂已经不见了，但她依然被认为是世界上最美的艺术品之一。今天，我们就来聊聊为什么不完美才是最美的。

在古希腊有一个非常美丽的女神，她的名字叫维纳斯。维纳斯是爱与美的象征，但是在一次不幸的事件中，雕像的一只手臂断了。

你可能会想，一个没有完整手臂的女神还美丽吗？答案是肯定的，因为真正的美丽不在于外表的完美无缺，而在于内在的光芒和魅力。

每个人都有自己的缺憾，就像断臂的维纳斯一样。但这并不意味着我们就不美丽了。我们每个人都有自己独特的地方，有自己的才华和梦想。我们不需要因为自己的不完美而感到难过，因为正是这些不完美，让我们变得更加独特和美丽。

有一天，老师给小朋友们介绍了一个非常特别的雕塑——断臂的维纳斯。老师告诉小朋友们，这座雕塑虽然不完整，但它的美丽和魅力却因为那缺憾而更加突出。

老师决定让小朋友们做一个项目，创造他们自己的“不完美”的艺术作品。圆圆是一个平时不太自信的孩子，她开始制作一只陶土小猫，但不管怎么努力，她总觉得作品不够好。她的小猫的一只耳朵比另一只大，尾巴也弯曲得不自然。

当展示的日子到来时，圆圆羞于展示她的小猫。但老师鼓励她，告诉她每个作品都是独一无二的，就像断臂的维纳斯一样，它的不完美之处让它更加特别。圆圆鼓起勇气，把她的小猫放在了展示台上。

令圆圆惊讶的是，她的小猫受到了大家的喜爱。其他的孩子们觉得那不对称的耳朵和弯曲的尾巴非常可爱，他们称赞圆圆的创意和勇气。圆圆学到了一个宝贵的经验：不完美不仅仅是可以接受的，它还可以是美丽和独特的来源。

每个人都有自己的缺憾，就像每件艺术品都有它的独特之处。我们不需要追求完美，因为在不完美中，我们可以找到真正的美。这个故事告诉我们，我们要接受自己的不完美，并从中发现自己的独特之美。

心灵课堂

* 接受不完美，我们每个人都有自己的优点和缺点，但这些反而让我们更加独特。学会接受自己的不完美，才能真正地拥有快乐和自信。

* 犯错是成长的一部分，从错误中学习，而不是追求完美。

* 为自己的努力成果喝彩，哪怕只是一点点，这样才能有成就感，才是正确的选择。

不为打翻牛奶而哭泣

导语

小朋友，你有没有遇到过这样的情况：不小心打翻了牛奶，或者弄坏了心爱的玩具？当这些事情发生时，我们可能会感到非常难过，甚至会哭泣。但是，今天我们要学习一个重要的道理：不为打翻牛奶而哭泣。

当我们不小心打翻了牛奶，牛奶已经洒在地上了。无论我们多么难过，多么生气，牛奶都不会自己回到杯子里。这时候，哭泣和生气并不能解决问题，反而会让我们更加难过。

我们要学会接受已经发生的事情，并且勇敢地面对它。比如，当我们打翻了牛奶，可以马上去拿抹布把地板擦干净。这样，我们不仅解决了问题，还学会了如何处理突发情况。

每次遇到这样的事情，都是我们学习和成长的机会。我们可以思考一下，为什么会打翻牛奶？是因为太着急了吗？还是因为没有注意到杯子的位置？通过反思，我们可以避免下次再犯同样的错误。

在一个阳光明媚的早晨，小刚醒来，准备享受他最喜欢的早餐：一碗热气腾腾的玉米片和一杯香浓的牛奶。他坐在餐桌前，心情愉快地哼着歌。但就在他要倒牛奶的时候，一不小心，牛奶瓶滑落，牛奶洒到了桌子，甚至溅到了他的新衣服上。

小刚愣住了，他的心情突然从晴朗转为阴暗。他想起妈妈总是告诉他要小心，而他却没能做到。他感到很难过，眼泪在眼眶里打转。就在这时，妈妈走了进来，看到了这一切。

妈妈没有生气，也没有责怪小刚。相反，她微笑着拿起抹布，开始擦拭桌子，并安慰小刚："小刚，不要哭泣，打翻牛奶没什么大不了的。我们可以清理干净，再倒一杯牛奶。重要的是，我们从错误中学习，下次要更加小心。"

小刚擦干眼泪，帮助妈妈一起清理。他明白了一个深刻的道理：哭泣不能解决问题，面对错误，我们可以选择学习和成长。从那以后，小刚变得更加细心和谨慎，他知道，无论遇到什么困难，都有办法去解决，而不是放弃。

生活中难免会有小状况发生，但关键在于我们如何应对。不要为打翻牛奶哭泣，而是要学会如何清理混乱，并从中吸取教训。这是一个每个小学生都能学习并应用到日常生活中的重要课题。

心灵课堂

* 打翻牛奶是一个小错误，每个人都会犯错，这是成长的一部分。我们可以从错误中学习，下次更加小心，这样我们就能变得更好。

* 打翻了牛奶后，我们可以擦干净，然后继续我们的生活。如果我们因为一点儿小事就停下来，那我们就会错过很多美好的事情。生活是一个不断前进的过程，我们要勇敢地向前走。

失败了，重新再玩一次就好了

导语

孩子们，你们有没有尝试过玩一个游戏，结果失败了？当失败来临时，你们是怎么做的呢？失败并不可怕，重要的是我们如何面对失败。记住，失败了，重新再玩一次就好了。每一次失败，都是我们学习和成长的机会。只要我们坚持不懈，勇敢面对，总会迎来成功的一天！

在我们成长的过程中，失败是不可避免的。无论是学习新知识，还是尝试新游戏，我们都会遇到失败。但是，失败并不可怕，它是我们学习和进步的一部分。每一次失败，都是我们向成功迈进的一步。

当我们遇到失败时，不要气馁，也不要放弃。我们要勇敢地面对它，找到失败的原因，并努力改进。比如，当我们在游戏中失败了，可以思考一下，是不是因为操作不够熟练，还是因为没有掌握游戏的规则？通过反思和练习，我们可以变得越来越好。

在一个阳光明媚的下午，天天和他的朋友们在公园里玩一个新的游戏——跳房子。这个游戏需要跳过画在地上的方格，不能踩到线。天天非常兴奋，因为他从来没有玩过这个游戏。

天天看着朋友们一个个成功地跳过方格，他也跃跃欲试。当轮到他时，他深吸一口气，开始跳了起来。可是，他不小心踩到了线，游戏失败了。天天感到有些失望，低下了头。

天天的朋友们看到他有些沮丧，纷纷走过来安慰他。盼盼拍拍天天的肩膀说：“没关系，天天，失败了，重新再玩一次就好了。我们都是这样学会的。”天天听了，心情好了一些，决定再试一次。

这一次，天天更加小心，他仔细观察每一个方格的位置，慢慢地跳了起来。虽然他还是有几次踩到了线，但他没有放弃。每次失败后，他都会重来。经过多次尝试，天天终于成功地跳完了所有的方格。

天天成功后，脸上露出了灿烂的笑容。他明白了一个道理：失败并不可怕，只要我们勇敢面对，重新再来，就一定能成功。天天的朋友们也为他感到高兴，大家一起欢呼庆祝。

失败了？没关系，再来一次吧！每一次失败都是我们成长的阶梯。它们像是宝贵的经验和教训，帮助我们变得更加强大。只要我们不断尝试，保持勇敢和坚持，总会迎来成功的一天！

心灵课堂

* 当我们遇到失败时，首先要做的是接受它。失败是我们成长的一部分，每个人都会遭遇失败。不要因为失败而感到难过或气馁。

* 我们要找出失败的原因。通过反思，我们可以了解自己哪里做得不够好，从而在下一次尝试时做得更好。

* 最后，重新再来。不要因为一次失败就放弃。每一次重新开始，都是一次新的机会。

勇敢尝试，解锁无限可能

导语

你有没有想过，为什么有些人能够实现他们的梦想，而有些人却停滞不前？答案很简单：那些实现梦想的人，都是勇敢尝试的人。勇敢尝试，让他们获得更多的机会和更多的可能性。今天，我们就来聊聊为什么勇敢尝试能够解锁无限可能。

勇敢尝试是我们成长和进步的关键。无论是学习新知识，还是尝试新游戏，只有勇敢尝试，我们才能发现自己的潜力。每一次尝试，都是一次新的机会，让我们离梦想更近一步。

小宇非常喜欢科学，总是对各种各样的实验充满好奇。有一天，学校宣布要举办一个科学展览，鼓励同学们展示自己的科学项目。小宇听到这个消息后，心里既兴奋又有些紧张。

小宇决定勇敢尝试，参加这个科学展览。他想做一个火山爆发的模型，但他从来没有做过这样的实验。他开始查找资料，学习如何制作火山模型，并准备所需的材料。

在制作火山模型的过程中，小宇遇到了很多困难。有一次，他的模型因为材料比例不对，导致“火山”没有爆发。他感到有些沮丧，但他没有放弃。小宇反复调整材料的比例，尝试不同的方法，终于成功地制作出了一个能够“爆发”的火山模型。

展览日到了，小宇带着他的火山模型来到学校。他的模型吸引了很多同学和老师的注意，大家都对他的作品赞不绝口。小宇感到非常自豪，因为他的勇敢尝试不仅让他学到了很多知识，还得到了大家的认可。

勇敢尝试能够解锁无限可能。无论遇到什么困难，只要我们勇敢面对，坚持不懈，就一定能取得成功。

亲爱的小朋友们，让我们一起勇敢地尝试吧！不要害怕犯错，因为每

一次尝试，都是一次学习。让我们打开心灵的窗户，迎接新知识、新技能和新朋友。让我们一起解锁无限可能，创造属于我们自己的精彩故事。

心灵课堂

* 当我们遇到新的机会或任务时，不要害怕。勇敢地接受挑战是我们成长的第一步。

* 在尝试新事物的过程中，我们可能会遇到困难和失败。但不要因为一次失败就放弃。失败是我们学习和进步的一部分。

* 无论遇到多大的困难，只要我们坚持下去，就一定能看到成果。

学习并不可怕，只是你把它想得可怕

导语

你觉得学习可怕吗？有些同学可能会告诉你，学习是一件很可怕的事情，但其实，这只是一个误解。学习是一个探索世界、发现新事物、了解自己和成长的过程。它可以是一段非常有趣和充满奇迹的旅程。今天，我们就来聊聊如何让学习变得有趣和轻松。

学习就像是一场冒险，我们可以通过它探索新的世界。每一本书、每一节课，都是我们了解世界的一扇窗户。

比如，通过学习科学，我们可以了解宇宙的奥秘；通过学习历史，我们可以知道古代人是如何生活的。学习让我们变得更加聪明和有趣。

当然，有时候会感到学习困难，你可能会遇到一些难题。但请记住，每个人都会遇到挑战，重要的是不要放弃。当你克服了这些困难，你会感到非常的自豪和满足。你会发现，你比你想象的要强大得多。

笑笑非常喜欢玩耍，但她总是觉得学习很可怕，特别是数学。每次上数学课，她都会感到紧张和害怕。

有一天，老师布置了一道数学题，笑笑看着题目，觉得非常难，心里很害怕。她觉得自己肯定做不出来，甚至想要放弃。笑笑的妈妈注意到了她的烦恼，走过来，决定陪她一起面对这个挑战。

妈妈温柔地对笑笑说："学习并不可怕，只是你把它想得可怕了。我们可以把学习当作一种游戏，一步一步来。"妈妈拿出一些彩色的积木，和笑笑一起用积木来解那道数学题。通过这种有趣的方法，笑笑发现数学并没有她想象得那么可怕。

从那以后，笑笑开始用不同的方法来学习。她会把难题拆分成一个个小步骤，一步一步地解决。她还会和朋友们一起讨论问题，互相帮助。渐渐地，笑笑发现学习变得越来越有趣，她的成绩也越来越好。

学习并不可怕，只是我们有时候把它想得太复杂了。通过找到适合自己的学习方法，我们可以让学习变得有趣和轻松。记住，学习是我们探索新世界的一部分，让我们一起勇敢地面对它吧！

心灵课堂

* 首先我们要改变对学习的看法。学习并不是一件可怕的事情，而是我们探索新知识、了解世界的机会。

* 在学习过程中，我们可以设定一些小目标。比如，今天背会五个单词，明天做完一道数学题。

* 学习并不一定要枯燥无味，我们可以通过有趣的方法来学习。

第5章

不抱怨，拥抱这个阳光世界

笑一个，让它绚烂整个天空

导语

你知道吗？笑容是世界上最美丽的语言。它不需要翻译，每个人都能理解。无论遇到什么事情，都要记得微笑，因为笑容不仅能让你自己开心，还能让周围的人感到温暖和快乐。今天，我们来聊聊笑容的魔力。

当你微笑时，你的脸上会出现一个弯弯的月牙，这个简单的动作可以带来很多好处。科学家发现，微笑时大脑会释放出一种叫作“内啡肽”的物质，这种物质能让我们感到快乐和放松。

你有没有注意到，当你对别人微笑时，他们也会对你微笑？这是因为笑容是有感染力的。一个真诚的笑容可以让你交到更多的朋友。比如，当你在学校里遇到新同学时，给他们一个微笑，他们会觉得你很友好，很快就会和你成为好朋友。

欢欢是一个活泼开朗的小学生，他很喜欢笑。无论是在课堂上，还是在操场上，你总能看到他脸上挂着灿烂的笑容。

有一天，班里来了一个新同学，叫甜甜。甜甜刚从另一个城市搬来，对这里的一切都感到陌生和不安。她坐在教室的角落里，低着头，不敢和别人说话。

欢欢注意到了甜甜的孤单。他走到甜甜身边，给了她一个真诚的微笑，并且友好地说："你好，我叫欢欢。你愿意和我一起玩吗？"甜甜看到欢欢的笑容，感到了一丝温暖，慢慢地抬起头，也露出了一个微笑。

从那天起，欢欢和甜甜成了好朋友。他们一起上课，一起玩耍，甜甜渐渐地融入了新的环境。每当甜甜感到不安时，欢欢总会用他的笑容和鼓励的话语让她安心。

欢欢的笑容不仅让甜甜感到温暖，也感染了班里的其他同学。大家看

到欢欢和甜甜的友谊，也开始主动和甜甜交朋友。很快，甜甜在班里有了很多好朋友，她变得越来越自信，脸上也常常挂着笑容。

小朋友们，笑容有着神奇的力量。它不仅能让自己开心，还能温暖别人，带来友谊和快乐。就像欢欢一样，用你的笑容去帮助别人，让你的笑容绚烂整个天空吧！

心灵课堂

* 笑容不仅能传递快乐，还能改变我们的心情和周围人的一天。

* 笑容是可以传染的。当一个小朋友向另一个小朋友微笑时，那个小朋友也很可能会回以微笑，并将这份快乐传递给更多的人。

* 笑容不仅是表情，它还是一种语言，一种没有言语的交流方式。它可以表达友好、鼓励和爱。

为何我们什么都吃，就是不吃亏

导语

有没有听过一句话："我们什么都吃，就是不吃亏"？这句话听起来很有趣，对不对？这句话告诉我们，要勇敢面对生活中的挫折和困难。每一次"吃亏"都是一次成长的机会，让我们变得更加坚强和有智慧。记住，保持积极的心态，学会反思，珍惜友谊，你就会发现，生活中没有什么真正的"吃亏"。

首先，我们要明白什么是"吃亏"。"吃亏"就是在某件事情上受到损失或者不公平的对待。比如，你和朋友一起玩游戏，如果你总是输，那你可能会觉得自己"吃亏"了。

为什么我们不愿意"吃亏"呢？这是因为每个人都希望自己能得到公平的对待，得到应有的东西。当我们觉得自己没有得到公平的对待时，我们可能会感到不开心或不满意。所以，我们通常会尽量避免"吃亏"的情况发生。

但是，有时候"吃亏"也不一定是坏事。有些情况下，"吃亏"可能会教会我们一些重要的东西，比如学会分享、学会理解别人、学会从错误中学习等等。所以，虽然我们不喜欢“吃亏”，但有时候“吃亏”也可以成为我们成长的机会。

菲菲是一个很有爱心的小女孩儿。一天，她在回家的路上，发现了一只受伤的小鸟。小鸟的翅膀似乎受了伤，不能飞翔。

菲菲决定帮助这只小鸟。她小心翼翼地把它带回家，给它找了一个温暖的地方，还给它找来了食物和水。菲菲每天都会照顾小鸟，慢慢地，小鸟的翅膀好了起来，它能够再次飞翔。

然而，就在小鸟准备飞走的时候，菲菲感到有些失落。她想到了自己付出的努力和时间，她不禁问自己：“我为什么要帮助这只小鸟？现在它要离开我了，我好像吃了亏。”

菲菲的爷爷看出了她的心思，便对她说：“菲菲，你知道吗？帮助别人其实也是在帮助自己。你给了小鸟爱和关怀，而小鸟给了你友谊和信任。这不是吃亏，这是一种珍贵的经验和回报。”

菲菲听了爷爷的话，心里明白了很多。她意识到，帮助别人并不是为了得到什么回报，而是因为这样做是对的。菲菲学会了无私，也学会了放手。她高兴地看着小鸟飞向蓝天，心中充满了喜悦和满足。

帮助别人是一种美德，它能带给我们内心的平静和快乐。我们不应该计较得失，而应该享受给予的过程和从中学到的教训。这样，我们的生活会更加丰富和有意义。

心灵课堂

* 当我们感到“吃亏”时，不要灰心丧气。要相信每一次“吃亏”都是一次成长的机会。

* 每次“吃亏”后，我们可以反思一下，看看自己哪里做得不够好。通过反思，我们可以不断进步，避免下次再“吃亏”。

* 在友谊中，不要总是计较得失。要学会宽容和理解，珍惜每一段友谊。帮助别人，自己也会感到快乐。

与其悲伤难过，不如乐观地接受它

导语

生活中，我们难免会遇到一些让我们感到悲伤和难过的事情。但是，有一个小秘密可以让我们变得更快乐，那就是——与其悲伤难过，不如乐观地接受它。今天，我们一起来看看乐观的力量，学会用积极的心态面对生活中的每一个挑战吧！

生活中我们难免会遇到一些让我们感到悲伤和难过的事情。比如，考试没有考好，和朋友吵架，或者心爱的玩具坏了。这些事情都会让我们感到不开心。

当我们不开心时，我们的心情会变得低落。这是因为我们对事情的结果感到失望。这种情绪是很正常的，每个人都会有。

但是，当我们用乐观的心态去面对困难时，就会发现事情并没有那么糟糕。乐观能让我们看到事情好的一面，帮助我们找到解决问题的方法。

在一个小镇上，有一棵小树苗，它的名字叫希望。希望是一棵非常特别的树苗，因为它总是保持乐观的态度。即使在暴风雨来临的时候，希望也从不害怕，它知道风雨之后，总会有彩虹。

有一天，小镇上的其他树苗都在抱怨天气太热，土壤太干燥，他们都觉得自己无法生长。但希望不同，它相信即使在困难的环境中，只要保持积极的心态，就一定能找到成长的机会。

希望深深地扎根土壤，吸收每一滴可贵的水分，并且用它的叶子捕捉每一丝阳光。不久，希望长出了新的绿叶，而其他树苗还在抱怨之中。

小镇上的小学生们经常来到希望旁边玩耍，他们被希望的生命力所吸引。老师们以希望为例，教导孩子们：生活中总会遇到困难和挑战，就像树苗遇到炎热和干旱。但是，如果我们能像希望那样保持乐观，就能发现

困境中的机会，让自己变得更强大。

孩子们被希望的乐观打动。从此，小镇上的孩子们都以希望为榜样，无论遇到什么问题，都会想起希望的故事，用乐观的心态去解决。而希望也在孩子们的爱护下，长成了一棵茂盛的大树，为小镇带来了阴凉和欢乐。

乐观是一种力量，它可以帮助我们克服困难，实现梦想。让我们都学会像希望一样，无论何时何地，都保持乐观的心态，迎接生活中的每一个挑战吧！

心灵课堂

* 当我们遇到困难时，可以试着寻找事情的积极一面。比如，考试没有考好，说明我们还有进步的空间，可以通过努力学习来提高成绩。
* 感恩是一种很好的心态。每天想一想自己拥有的美好事物，比如家人的关爱、朋友的陪伴、老师的教导，这些都会让我们感到幸福和满足。

与幽默为伴，你的生活就没有烦恼

导语

小朋友们，你们喜欢笑吗？有时候，生活中的烦恼像一团挥之不去的云，但如果我们能够用一种乐观的心态去面对，一切似乎都变得轻松了。乐观并不是逃避现实，而是用幽默的方式去面对挑战。认真地去寻找生活中的笑点，去发现那些看似平凡的有趣瞬间，你会发现烦恼也不过如此。让我们一起保持幽默感，轻松面对生活吧！

生活中有很多有趣的事情等着我们去发现。当我们认真对待每一件事情，同时也不忘记保持幽默感，我们的生活就会变得更加精彩。

每当你遇到困难或者烦恼时，试着从另一个角度看问题，也许你会发现问题并不像你想象得那么难。有时候，一个小小的笑话或者一个滑稽的表情就能让我们的烦恼飞走。

小乐是班里的“开心果”，他总是能用各种有趣的方式让自己和周围的人开心。

有一天，老师在课堂上讲解数学题，小乐发现同学们都显得有些疲倦和无聊。于是，他决定用自己的幽默天赋来活跃一下气氛。小乐举手回答问题时，故意用滑稽的声音模仿卡通人物说话：“老师，这道题我会做！”全班同学听到后都忍不住笑了起来，连老师也笑了。

课间休息时，小乐看到同学们在操场上玩耍。他灵机一动，决定给大家表演一个节目。他模仿了一只企鹅走路，摇摇摆摆地在操场上走来走去。同学们看到后，都被逗得哈哈大笑。小乐的表演不仅让大家开心，也让他自己感到非常快乐。

因为小乐经常能带给别人快乐，所以他在班里很受欢迎，还让他交到了很多好朋友。有一次，小乐的好朋友小明心情不好，因为他在考试中没有考好。小乐看到后，决定用幽默的方式来安慰小明。他讲了一个好笑的笑话：“为什么小狗喜欢坐在电脑前？因为它想成为一只‘网狗’！”小

明听了笑话后，心情好多了，内心深处非常感谢小乐的关心。

巧妙地运用幽默可以让我们的生活充满乐趣和快乐。无论遇到什么事情，都要保持阳光心态，记得笑一笑，因为笑是治愈烦恼的良药。让我们学会与幽默为伴，用笑声驱散烦恼，让生活变得更加美好吧！

心灵课堂

* 当我们有压力或者烦恼时，幽默可以帮助我们放松心情。

* 保持幽默是交朋友的好方法。当我们和朋友们一起笑的时候，友谊会变得更加深厚。

* 幽默需要我们发挥想象力和创造力。借助幽默，我们可以锻炼自己的思维能力，变得更加聪明。

换一个角度看问题，就能从阴影里走出来

导语

生活中，我们难免会遇到一些让我们感到困惑和不开心的事情。有时候，我们会觉得自己陷入了阴影中，看不到光明。但是，你知道吗？只要我们换一个角度看问题，就能从阴影里走出来。今天，我们来聊聊如何通过换个角度看问题，让自己变得更加快乐和坚强。

换个角度看问题，就是用不同的方式去思考和解决问题。比如，当我们遇到困难时，不要只看到困难的一面，而是试着找到其中的机会和积极的方面。

“你不能延长生命的长度，但你可以拓宽它的宽度；你不能改变天气，但你可以左右自己的心情；你不能控制环境，但你可以调整自己的心态。”我们的生活并不是一无是处，抛开负能量的一面，就能换个角度，换种心情，换种活法。

有一天，老师给班上的学生们出了一个有趣的问题：“如果你是一只

小鸟，你会飞到哪里去？”同学们纷纷发挥想象，有的说要飞到远方的海岛，有的说要飞到高高的山顶。

小星却陷入了沉思。他想起了自己家后院的那棵大树，每天早上都有小鸟在那里欢唱。他想，如果他是一只小鸟，他会选择留在那棵大树上，因为那里有他的家人，有他熟悉的环境，有他喜爱的一切。

当老师问到小星时，他大胆地分享了自己的想法。

老师微笑着点头，然后告诉全班同学："小星的答案告诉我们，有时候幸福就在我们身边，只是我们没有从不同的角度去观察和欣赏它。我们不必总是渴望远方的未知，有时候转变我们的视角，就能发现身边隐藏的美好。"

这个简单却深刻的故事，不仅让小星的同学们开始重新审视自己的周

围环境，也让他们学会了从不同的角度去看待问题和生活。

一个人，不善于思考，就无法想出更好的方法，找不到更宽的路子。思路一变难题解，思路一变天地宽。智慧往往有着点石成金的作用。换一下角度，发挥逆向思维，当你以不同的视角看待问题时，就会有新的发现。常常转动脑筋，你才能足够聪明，否则，就会固守思想，缺乏灵活思维。

心灵课堂

* 当我们遇到困难时，试着寻找事情的积极一面。

* 有时候，我们自己看问题的角度比较单一，可以请教家人、朋友或者老师，听听他们的建议和看法。

* 面对问题时，要保持开放的心态，不要固执己见。试着接受不同的观点和意见，这样我们才能更全面地看待问题。

第6章

追逐梦想，向着远方勇敢飞翔

伟大的成就，最初只是心中的一个梦

导语

每个人的心中都藏着一个秘密的宝藏。在这个宝藏里，有着我们最珍贵的梦想和希望。有些人梦想成为飞行员，在天空中自由翱翔；有些人梦想成为医生，治愈人们的疾病。无论你的梦想是什么，它都是特别的，因为它属于你。

每个伟大的成就，都始于一个梦想。这个梦想可能很小，就像一颗种子，需要耐心和努力才能生根发芽。

想象一下，有一天你突然有了一个想成为宇航员的梦想。这个梦想远大，但并非遥不可及。只要你认真学习，坚持不懈，就有可能实现。

晨晨的梦想是成为一名优秀的画家，用画笔描绘出心中的世界。但晨晨知道，要实现他的梦想，他需要不断地学习和练习。于是，他报名参加了学校的美术兴趣小组，每天放学后，他都会留下来练习画画儿。美术老师看到了他的努力和天赋，决定帮助他进一步提升。

有一天，学校举办了一次绘画比赛，主题是“我的梦想”。晨晨决定参加，他想通过这次机会，向大家展示他对绘画的热爱和对梦想的追求。

他用心地创作了一幅作品，画面上是一个小男孩儿站在星空下，手中拿着画笔，正将一颗闪亮的星星画进画布。这幅画不仅展现了晨晨的绘画技巧，更传达了一个信息：只要勇敢追梦，每个人都能触碰到自己的星星。

比赛当天，晨晨的作品吸引了所有人的目光，评委们对他的创意和表现力给予了高度评价。最终，晨晨赢得了比赛的一等奖。这不仅是对他努力的认可，也是对他梦想的肯定。晨晨知道，他还有很长的路要走，但他相信，只要不放弃，梦想总有一天会成真。

无论梦想多么遥远，只要我们坚持不懈，勇于尝试，就一定能够逐步实现。晨晨的故事激励着我们每一个人，让我们相信自己的力量，勇敢地去追逐自己的梦想。

所以，不要害怕梦想。不要觉得梦想太大或太小。不要担心别人怎么看。只要你有梦想，就去追求它。记住，每个伟大的成就，都始于一个梦想。

心灵课堂

* 清楚了梦想，才能朝着梦想的道路前行。当然，还需要与自己的特长相结合。

* 了解自己的兴趣，才能保持足够的精力去专注地完成这个梦想。否则就会三天打鱼，两天晒网，或是半途而废。

梦想要有前瞻性，设定可实现的目标

导语

你知道梦想是什么吗？梦想就是我们心中的一个小小愿望，它可以是成为一名宇航员，可以是赢得一场比赛，也可以是环游世界。梦想没有大小之分，它是我们内心的驱动力，让我们有动力去学习新知识，去克服困难。

梦想要有前瞻性，意味着我们要展望未来，设定目标时要目光长远。而且梦想不能是幻想，要切合实际，要经过深思熟虑，能够引导我们不断前进。

比如，你梦想成为一名科学家，你就需要学习科学知识，做实验，不断探索未知的世界。这样的梦想不仅仅是一个想法，它还能指引我们的行动。

同时，我们还要设定可实现的目标。这些目标就像是通往梦想的阶梯，每一步都离梦想更近一点儿。设定目标的时候，我们要根据自己的能力和条件来定，不能太高也不能太低，要刚刚好。比如，你想成为一名作家，你可以先从写日记开始，慢慢地，从写短篇故事，再到长篇小说。每完成一个目标，都是一次成功，都会让你更有信心。

今天，明明心中充满了激动和期待。因为今天就是学校举办“未来梦想展示会”的日子。这是一个特别的日子，每个学生都将分享他们的梦想，并展示他们如何计划实现它们。

明明的梦想是成为一名科学家，探索宇宙的奥秘。他知道这是一个远大的梦想，但他也明白，通过设定小目标，他可以逐步实现它。他的第一个目标是在学校的科学展览会上获得好成绩。为此，他准备了一个关于太

阳系的模型，并学习了很多关于宇宙的知识。

在展示会上，明明自信地向同学们介绍了他的模型和他对宇宙的理解。他讲述了太阳系的构造，行星的运行规律，以及人类探索太空的历史。他的展示吸引了许多同学和老师的注意，他们都被明明的知识和热情所打动。

无论梦想有多么宏伟，只要我们有前瞻性，设定可实现的小目标，就能够一步步接近梦想。明明的故事鼓励我们，不要害怕梦想，而是应该勇敢地追求，并且制订实际的计划来实现它们。

心灵课堂

* 目标要具体，比如“每天读20页书”比“多读书”更具体。

* 把大目标分解成小目标。例如，你的梦想是成为一名画家，可以先设定每天画一幅画的目标。

* 给每个目标设定一个完成的时间，这样可以帮助你更好地管理时间。

善于拆分，将大目标拆分成众多小目标

导语

你知道什么是大目标和小目标吗？大目标是我们想要实现的一个大愿望，比如学会弹钢琴或者写作完成一本书。小目标则是实现大目标的每一个小步骤，比如每天练习半小时钢琴、每周读一本书。今天我们来聊一聊一个非常有用的技巧——如何把大目标拆分成小目标。这不仅能让我们更容易实现目标，还能让我们在实现目标的过程中感到更有成就感。

设定目标是我们生活中的重要部分，学会如何将一个大目标拆分成许多小目标是一项宝贵的技能，这不仅可以帮助我们更好地管理任务，还可以增强我们完成任务的信心和动力。

小辉从小就喜欢看书，他一直有一个梦想，就是成为一名作家。但这个梦想太大了，小辉知道写一本书非常困难，他对于自己的这个梦想感到迷茫和害怕。他的父母告诉他，要实现大梦想，首先要学会将它拆分成许多小目标。

小辉决定采纳父母的建议。他首先设定了一个小目标：每天由浅入深、循序渐进地阅读一本书。他开始阅读关于写作技巧、名家作品、历史、哲学等书籍。每读完一本书，他都会写一篇阅读心得，并且在他的小目标海报上贴上一颗星星。不久，海报上满是闪闪发光的星星，小辉的知识也越来越丰富。

接下来，小辉设定了第二个小目标：参加学校的写作俱乐部。在那里，他遇到了许多和他有着相同梦想的朋友。他们一起讨论某本书，一起探讨写作手法和构思，小辉感到非常快乐，因为他知道他正在朝着他的梦想前进。

时间一天天过去，小明的小目标一个接一个地实现了。他写的短篇文章不仅在学校的校报上频频发表，还被很多杂志社收录。小辉正通过实现一个个小目标，向他最终的大目标靠近。

小辉虽然目前还是个学生，但像他这样有计划有目标的一步步前进，相信他以后一定会成为一位优秀的作家。

无论梦想有多大，只要我们能够将其拆分成小目标，然后一步步去实现它们，我们就能够达到最终的成功。小朋友们，你们也有自己的梦想吗？试着将它拆分成小目标，然后勇敢地去追逐吧！

心灵课堂

* 明确你的大目标是什么，并理解为什么它对你很重要。
* 想一想，为了达到这个大目标，你需要完成哪些小步骤。
* 为每个小步骤设定一个完成日期。
* 每当你完成一个小步骤，给自己一些奖励。
* 如果你发现某个小步骤太难或太容易，不要害怕调整它。

随着实际情况，不断调整偏离的目标

导语

你有没有遇到过这样的情况：明明已经定好了一个目标，但在实现的过程中却发现事情并不像想象中那么简单？这时候，我们该怎么办呢？今天，我想和大家聊一聊如何在实际情况变化时，灵活调整我们的目标。

在生活中，我们经常会遇到需要调整目标的情况。就像航海家在大海中航行时，需要根据风向和海流不断调整航线一样，我们在追求目标的过程中，也需要根据实际情况灵活调整。

对于小学生来说，设定目标是一个重要的学习过程。它可以帮助我们明确学习的方向和重点，激发我们的学习动力。但是，目标并不是一成不变的。在实现目标的过程中，可能会遇到各种预料之外的困难和挑战，这时候，最重要的就是保持灵活性，学会适时调整我们的目标。

淘淘从小就对数学有浓厚的兴趣，他觉得那些阿拉伯数字好神奇，仅凭 10 个数字，却能组合成千变万化的答案，解决一切问题。因此，他决定要好好学习数学，在学校中成为人人羡慕的数学之星，未来更是要成为一名数学家。然而，随着学期的深入，淘淘发现数学并不像他想象中那么简单。他遇到了一些挑战，比如复杂的问题和难以理解的概念。一开始，他总想着靠自己的能力解决这些问题，不会的就看书自学，一步步解答，但最后却还是无法得到正确的答案。

淘淘开始感到沮丧，他的成绩也逐渐下滑。老师注意到了这一点，并鼓励他不要放弃。老师告诉淘淘，学习就像是一次探险，需要不断地调整方向，适应新的挑战。淘淘被老师的话激励了，他决定改变学习策略，而不是固守原有的目标。

他开始参加数学俱乐部，和同学们一起解决问题，他也利用课后时间向老师求助，学习如何解决那些让他头疼的数学题。慢慢地，淘淘发现自己对数学的理解越来越深刻，他开始享受解决问题的过程，而不再是仅仅为了得到正确答案。

最终，淘淘在期末考试中取得了优异的成绩，他不仅实现了自己成为数学之星的目标，更重要的是，他学会了一个宝贵的人生道理：当现实情况与我们的目标不一致时，我们需要勇敢地调整自己的方向，不断地学习和成长。

现在你明白了吗？目标的调整并不是意味着失败，而是为了更好地前进。当我们遇到困难时，不要害怕改变，只要方向是对的，调整目标也是一种进步。希望你们在追求梦想的道路上，能够像淘淘一样，灵活应对变化，勇敢调整目标，最终实现自己的梦想！

心灵课堂

* 仔细想一想，当前的目标是否还适合现在的情况？如果不适合，可以考虑修改目标，使其更加现实和可行。

* 将大的目标分解成几个小目标。这样，每完成一个小目标，你都会有成就感，也更容易坚持下去。

* 在实现目标的过程中，要学会灵活应对变化。不要害怕改变，只要方向是对的，调整目标也是一种进步。

有了梦想和目标，更要设计完成期限

导语

你是否有过梦想，比如成为一名科学家、一位老师，或者是一名宇航员？梦想是我们心中的小火苗，它照亮我们的未来，给我们力量和方向。但是，仅仅有梦想还不够，我们还需要设定目标和完成期限，这样我们才能把梦想变成现实。

对于成长中的我们来说，设定目标和梦想是非常重要的。它们就像是我们心中的指南针，指引着我们前进的方向。没有目标和梦想，我们可能会迷失在生活的海洋中，不知道该往哪里去。

但是，光有目标和梦想还不够，我们还需要给自己设定一个完成期限。为什么呢？因为没有期限的目标，就像是没有终点的比赛，我们很容易失去动力和方向。

小淇非常喜欢画画儿，她的梦想是参加学校的绘画比赛并获得奖项。为了实现这个梦想，小淇决定每天都要练习画画儿。她给自己定了一个目标：要完成一幅精美的画作，并用此作品参加学校的绘画比赛。

小淇的妈妈告诉她：“小淇，光有梦想和目标还不够，我们还需要给自己设定一个完成期限。这样才能更好地管理时间和精力。”小淇听了妈妈的话，决定给自己的目标设定一个详细的计划和期限。

她限定自己在三个月内完成这件作品，并把三个月的时间分成三个阶段：

第一阶段（第一个月）：每天练习基本的绘画技巧，比如素描和色彩搭配。

第二阶段（第二个月）：构思和设计比赛的画作，确定主题和构图。

第三阶段（第三个月）：专注于画作的细节和完善，确保画作达到最

佳效果。

在实现目标的过程中，小淇也遇到了一些挑战。有时候，她会因为作业多而没有时间画画；有时候，她会觉得自己的画作不够好，想要放弃。每当这时候，小淇都会提醒自己：“我已经设定了完成期限，只要坚持下去，就一定能实现梦想！”

小淇在妈妈的帮助下，学会了合理安排时间。她每天放学后先完成作业，然后再练习画画儿。即使遇到困难，她也会根据实际情况调整自己的计划，比如在周末多花一些时间画画，弥补平时的不足。

终于，通过三个月的努力，小淇完成了一幅精美的画作。并且她的画获得了二等奖。

我们可以看到，有了梦想和目标后，设定完成期限是多么重要。它不仅能帮助我们更好地管理时间和精力，还能让我们在遇到困难时保持动力和方向。希望你们在追求梦想的道路上，能够像小淇一样，设定明确的目标和合理的完成期限，勇敢前行，最终实现自己的梦想！

心灵课堂

* 目标要具体可行，不要太过遥远或者模糊。
* 期限要合理，给自己足够的时间，但也要有挑战性。
* 目标和期限要灵活，如果遇到困难，可以适当调整。

第7章

心中有爱，目光所及皆是美好

满心追寻的风景，风景却无处不在

导语

你有没有过这样的经历：为了看到美丽的风景，走了很远的路，结果发现最美的风景其实就在身边？今天，我想和大家聊一聊，为什么我们常常满心追寻的风景，其实无处不在。

你们是否曾经梦想过去远方的地方看看那里的风景呢？也许你们想去森林里探险，去探索各种奇异的动物；或者想去海边，感受海浪拍打沙滩的美妙声音。这些都是美丽的风景，值得我们去追寻。

其实，美丽的风景就在我们的身边。当你在学校和朋友们一起玩耍的时候，那欢声笑语就是一道美丽的风景。当你在家里帮助爸爸妈妈做家务的时候，那温馨和睦也是一道美丽的风景。甚至当你独自一人静静地看书的时候，那专注的神情也是一道美丽的风景。

所以，我们不需要去很远的地方就能发现生活中的美好。只要我们用心去观察，用心去感受，我们就能发现，这个世界处处都是美丽的风景。

珊珊是一个喜欢探险的女孩儿，一直梦想着深入大山，去寻找传说中的美丽瀑布。她听说那里的瀑布非常壮观，水花四溅，彩虹常常挂在瀑布上空。于是，珊珊决定在暑假期间和家人一起去寻找这个美丽的瀑布。

暑假到了，珊珊和家人踏上了旅途。他们开车穿过了许多蜿蜒曲折的山路，终于来到了传说中的瀑布景区。然而，当他们到达时，发现瀑布因为干旱季节而变得很小，水流也不再那么壮观。珊珊有些失望，她觉得自己满心追寻的风景并没有想象中那么美丽。

就在珊珊失望的时候，她的弟弟突然在旁边的草地上发现了一只漂亮的蝴蝶。蝴蝶的翅膀上有着五彩斑斓的花纹，飞舞在阳光下，显得格外美丽。珊珊被这只蝴蝶吸引住了，她开始仔细观察周围的环境。

她发现，草地上开满了各种各样的小花，树上的鸟儿在欢快地歌唱，

远处的山峦在夕阳的映照下显得格外壮丽。珊珊突然意识到，其实美丽的风景并不一定要去很远的地方寻找，它可能就在我们身边，只是我们平时没有注意到。

从那以后，珊珊学会了用心去发现身边的美丽。她惊喜地发现，学校的花坛里，鲜花争奇斗艳，仿佛在一场盛大的舞会上竞相开放；甚至在雨后街道上水洼中的倒影，也映出别样的风景，别有一番风味。

风景无处不在，只要我们用心去观察，用心去感受，就会发现生活中的每一个角落都可能是美丽的风景。不要总是想着去很远的地方寻找美丽，因为最美的风景，往往就在我们身边。

心灵课堂

* 用心观察。无论是在学校、家里还是公园里，只要你用心去观察，就会发现很多美丽的事物。

* 享受当下。不要总想着去很远的地方寻找美丽，学会享受当下的每一个瞬间。

* 保持好奇心。保持一颗好奇心，去探索和发现新事物。

发现自己的独特之处

导语

小朋友，你知道吗？每一朵花都有着自己的独特之处。无论是娇艳的玫瑰、阳光的向日葵，还是纯洁的百合，它们都在用自己的方式展示着美丽和自信。今天，让我们一起来探索这些美丽花朵背后的故事，学会欣赏每一朵花儿的独特之美吧！

我们知道，世界上的花朵种类繁多，每一种花儿都有着自己独特的颜色、形状和香味儿。每一朵花儿都在用自己的方式展示着美丽和自信。

每一朵花儿的成长过程都是独一无二的。有的花儿喜欢沐浴在充足的阳光下，有的花儿喜欢在阴凉的地方生长；有的花儿需要很多水分，有的花儿则耐旱。正是因为这些不同的生长环境和条件，才造就了花朵们各自的独特性。

我们在欣赏花朵时，不仅要看到它们美丽的外表，还要了解它们背后的故事。每一朵花儿都经历了风雨的洗礼，才绽放出最美的姿态。就像我们每个人一样，每个人都有自己的优点和独特之处。我们要学会欣赏自己和他人的美丽，尊重每个人的独特性和差异。

在花园里，有许多美丽的花朵竞相开放。玫瑰花娇艳欲滴，吸引了很多人的目光；向日葵高高地站在阳光下，显得格外阳光灿烂；百合花纯洁高雅，散发着迷人的香气。蒲公英看着这些美丽的花朵，心里不免有些自卑。她觉得自己只是一株普通的蒲公英，没有什么特别之处。

有一天，风轻轻地吹过花园，他感受到了蒲公英的困惑，说："蒲公英，你知道吗？每一朵花儿都有着自己的独特之处。你也不例外。"蒲公英听了风的话，有些疑惑："可是，我只是一株普通的蒲公英，没有玫瑰那么美丽，也没有向日葵那么高大。"

风微笑着说："蒲公英，你的独特之处在于你的种子。每当我轻轻吹

过时，你的种子就会随风飘散，飞向远方，生根发芽，开出新的花朵。你不仅拥有自己的美丽，还能把这份美丽传播到更远的地方。”蒲公英听了风的话，开始重新审视自己。她发现，自己的种子确实能够随风飘散，带着希望和生命飞向远方。

从那以后，蒲公英不再自卑。她明白了，每一朵花儿都有自己的独特之处。她开始自信地展示自己的美丽，享受着风带来的每一次旅行。蒲公英的种子飞向了远方，在不同的地方生根发芽，开出了更多美丽的蒲公英。

每一朵花儿都有着独特的美丽和自信。无论是娇艳的玫瑰、阳光的向日葵，还是看似平凡的蒲公英，它们都以各自的方式诠释着生命的精彩。希望你们在生活中，能够像蒲公英一样，发现自己的独特之处，自信地绽放自己的美丽！

心灵课堂

* 认识自己的优点。仔细想一想，你有哪些特别的优点？

* 不要因为自己的不足而感到自卑。相反，我们可以通过努力和学习来不断进步。

* 勇敢展示自己。当你发现了自己的优点和独特之处后，要勇敢地展示出来。

错过本身，也是一种美丽

导语

有时候，我们错过了一些东西，心里会感到失落，但其实错过本身也有它的美丽。每一次错过，都是一次成长的机会，让我们学会珍惜眼前的美好，发现生活中的新希望。今天，让我们一起来探索错过中的美丽，学会在失落中找到新的快乐吧！

在我们的生活中，有时候我们会错过一些东西，比如一辆公交车、一个朋友的生日派对，或者是一次考试的机会。我们可能会因此感到难过或失望，但是，你知道吗？错过本身，也有一种别样的美丽。

为什么这么说呢？因为错过让我们学会了珍惜。当我们错过了一次聚会，我们会更加珍惜下一次和朋友相聚的时光。当我们错过了一次考试，我们会更加努力地准备下一次的考试。错过让我们意识到，每一个瞬间都是宝贵的，都值得我们用心去把握。

有一天，阿飞在放学后因为肚子不舒服耽误了时间，等他出校门时才发现错过了校车。他的心情很沮丧，因为这意味着他必须走很长的路回家。但是，当他开始步行时，他注意到了通常在车上看不到的事物。他看到了路边娇艳的花朵，呼吸到了新鲜的空气，听到了鸟儿欢快的歌唱。他甚至遇到了一位老师，邀请他参观她的小花园，并送给了他一些美丽的花朵带回家。

阿飞意识到，虽然他错过了校车，但他却因此获得了一个新的体验和美好的回忆。他明白了，错过并不总是意味着失去，有时候它反而给了我们另一种体验的机会。从那以后，阿飞再也不怕错过任何东西了，因为他知道，每一次错过，都可能是发现生活中其他美丽的开始。

即使在看似不幸的情况下，也有可能发现意想不到的美好。对于我们来说，这是一个重要的教训，它教会我们如何在生活的小插曲中找到积极的一面。错过本身，的确是一种美丽。

心灵课堂

* 当我们错过了某件事情时，可以尝试从中找到积极的一面。
* 每一次错过都是一个学习的机会。
* 错过一件事情后，我们应该更加珍惜现在和未来的机会。

放下面子，会获得更多掌声

导语

有时候，我们为了面子而不敢承认错误，结果反而让自己更加难受。这种情况就叫作“死要面子活受罪”。今天，让我们一起来看看为什么勇敢面对错误，放下对面子的担忧，反而会让我们变得更轻松，更快乐吧！

生活中我们难免会犯错，有时候会因为害怕丢面子而不敢承认错误。记住，死要面子只会让自己更加难受，勇敢面对错误，坦然放下面子，才能让我们变得更轻松，更快乐。每一次的错误，都是我们成长的宝贵经验。

有位世界级的小提琴家在指导自己学生演奏的时候，很少说话。当他的学生拉完一首曲子之后，他很少直接给予评价，而是会亲自再将这首曲子演奏一遍，让学生仔细聆听。他用这种方式让学生感受到演奏的精髓和技巧，从而更好地理解和学习。

他在接收新学生时，都会事先让学生表演一首曲子，以摸清学生的水平，再分等级进行教育。

这一天，他收到了一位新学生，琴声一起，在座的每个人都听得目瞪口呆，因为这位学生表演得实在太精彩了，出神入化的琴音有如天籁，比他自己表演得还要好。

学生表演结束后，台下所有的人都认为，小提琴家为了顾及自己的面子，一定会给这个孩子一些不好的评价，以显示自己的尊严。出乎意料的是，小提琴家按照惯例走上了舞台。这一次，他没有立即拿起小提琴演奏，而是将琴放在肩膀上面，久久没有动作。最终，他又将琴从肩上拿了下来，并深深地吸了口气，接着就满脸笑容地走下台去。这个举动使所有在场的人都感到极为诧异，没有人知道接下来会发生什么事情。

接着，小提琴家又上台向大家解释道："这个孩子演奏得实在太完美

了，我恐怕没有资格去指导他。起码在这首曲子上，我的表演对他可能只会是一种误导。”

这时候，大家都明白了这位小提琴家的胸襟，台下顿时响起一阵热烈的掌声，送给这位演奏得好的学生，更送给这位小提琴家。

小提琴家不顾及自己的面子，勇于接受学生更优于他的事实，最终赢得人们热烈的掌声，在他的身上也体现出一种令人赞叹的大师风采。他不受盛名所累，也不被人们的目光限制，更充分地体现出一种极为可贵的真实和谦逊，最终为自己赢得了最大的尊严。

心灵课堂

* 当你发现自己犯了错误时，不要害怕承认。勇敢地说出自己的错误，老师和同学们会理解和帮助你。

* 接受别人的批评和建议，不要因为面子而拒绝。批评和建议可以帮助我们改进和进步。

* 不要过于在意别人的看法，放下对面子的担忧。专注于自己的成长和进步，勇敢面对挑战。

你总是后悔莫及，因为你总是不懂得珍惜

导语

我们经常在失去某样东西或错过某个机会后，才会感到后悔。这是因为我们没有好好珍惜眼前的美好。今天，让我们一起来看看为什么我们总是后悔莫及，以及如何学会珍惜每一个瞬间，避免让自己陷入后悔之中吧！

在我们的生活中，有一个非常重要的词叫作“珍惜”。珍惜意味着我们对身边的人和事给予足够的关注和爱护。对于我们小学生来说，学会珍惜是一种宝贵的生活智慧。

乐乐是一个非常聪明和活泼的孩子，但他有一个不好的习惯，那就是他总是不懂得珍惜自己拥有的东西。无论是玩具、书籍还是时间，他总是觉得这些都是理所当然的。

有一天，乐乐的妈妈送给他一本非常有趣的书作为奖励，告诉他这本书非常珍贵，希望他能好好保管。乐乐很高兴，但他并没有把妈妈的话放在心上。他读了几页后，就随意地把书扔在了一边，去做其他事情了。

过了几天，乐乐想起那本书，但他找遍了整个房间也没有找到。原来，在他不注意的时候，那本书被他不小心弄丢了。乐乐非常后悔，那本他曾经以为可以随意对待的书，如今却成了他心中的遗憾。他开始意识到自己的不珍惜已经让他失去了很多宝贵的东西。

从那以后，乐乐开始学会珍惜。他不再随意丢弃玩具，也不再浪费时间。他知道，每一件东西都是有价值的，都值得他去爱护和珍惜。

珍惜是一种美德，它能让我们避免后悔莫及。我们也许有时候会像乐乐一样，不懂得珍惜眼前的东西。但希望每个人能从乐乐的教训中学到东西，学会珍惜身边的人和物，这样我们的生活会更加美好和充实。

心灵课堂

* 学会珍惜身边的每一个人和每一件事。每一个美好的瞬间，都是我们生活中的宝贵财富。

* 感恩是珍惜的基础。每天都可以想一想，今天有哪些值得感恩的事情。

* 时间是我们最宝贵的财富。学会合理安排时间，不要把时间浪费在无聊的事情上。

第8章

培养好习惯，每天改变一点点

好习惯成就一生，坏习惯毁人前程

导语

习惯就像是我们生活中的小精灵，它们悄悄地影响着我们每个人。有些习惯会帮助我们变得更加出色，而有些习惯则可能让我们错失成长的机会。今天，我们就来聊聊如何培养好习惯，让自己的生活更加精彩。

让我们先来认识一下什么是好习惯吧。好习惯就是那些能够帮助我们学习、成长和保持健康的行为。

比如，每天按时起床、认真完成作业、保持房间整洁、礼貌待人、坚持运动等。这些习惯听起来很简单，但它们能够帮助我们建立起积极向上的生活态度。

坏习惯呢？它们可能会让我们变得懒惰，比如长时间看电视、玩游戏，不愿意动脑思考或者轻易放弃。但记住，改变一个习惯并不容易，需要时间和耐心。当你发现自己有不好的习惯时，不要气馁，慢慢来，一步一个脚印，你一定可以改变它。

赫赫是一个普通的小学生，但他有一个好的习惯——每天早上起床后，他会花十分钟整理床铺，然后再去刷牙洗脸。这个简单的习惯，让赫赫的每一天都变得井井有条。

赫赫的同桌小亮，却有着不同的习惯。每天早上，小亮总是赖床到最后一刻，匆匆忙忙地起床，连床都来不及整理。他常常因为起晚而迟到，甚至有时候忘记带重要的作业或者书本。

赫赫和小亮的习惯，影响了他们的学习和生活。赫赫因为他的好习惯，总是能够准时完成作业，他的书桌总是整洁有序，这让他在学习上更加专注和高效。小亮的坏习惯，则让他的生活和学习都显得杂乱无章，他常常找不到自己需要的东西，甚至错过了很多重要的学习机会。

随着时间的推移，赫赫的好习惯帮助他获得了老师和同学们的认可，

他的成绩也逐渐提高；而小亮则因为他的坏习惯，成绩停滞不前，甚至开始对学习失去了兴趣。

好习惯可以帮助我们成为更好的人，而坏习惯则会让我们错失很多宝贵的机会。对于小学生的我们来说，培养好习惯是非常重要的。它们不仅仅影响着我们的学习，更影响着我们的未来。

心灵课堂

* 从小事做起，比如每天读书10分钟，慢慢地你会发现自己的阅读量在不知不觉中增加了。

* 即使有时候感觉有点儿难，也不要放弃。记住，坚持就是胜利。

* 找到自己喜欢的习惯，比如跳绳、画画儿或者唱歌，这样你就会更愿意去坚持。

* 用小本子记录自己的进步，看到自己一点一滴地成长，会让你更有动力。

拒绝拖延，想到就立刻行动

导语

你是否有过这样的经历：当你想到一件事情，比如做作业、整理玩具或者帮助父母做家务时，你会立刻去做吗？还是会想着“等一会儿再说”？如果你选择了后者，那么你可能就是在拖延。今天，我们一起来学习如何拒绝拖延，做到想到就立刻行动吧！

你知道拖延是什么意思吗？拖延就是当我们有事情需要做时，我们总是找借口，说“我等会儿再做”或者“我不想现在做”。但你知道吗？拖延是一个坏习惯，它会让我们错过很多重要的事情。

想象一下，如果你有一份作业，老师告诉你下周一交。你可能会想：哦，我还有很多时间，我周末再做吧。但是，周末来了，你可能会想玩游戏、看电视，或者和朋友出去玩。然后，你就忘记了你的作业，直到周日晚上才突然想起来。这时候，你可能会感到非常着急和紧张，因为你没有足够的时间来完成作业了。

所以，我们要学会拒绝拖延。当我们想到要做的事情时，我们就应该立刻行动。这样，我们就不会感到有压力，也不会因为时间不够而匆忙。

暑假，阿木来到爷爷家居住。一天早上醒来，阿木看到院子里的小鸟没有窝，他想要建造一个小鸟的窝，让院子里的小鸟们有个温暖的家。阿木知道，如果他拖延，这个想法可能就永远不会实现。所以，他决定立刻行动起来。

阿木首先画了一个设计图，然后列出了需要的材料清单。他找到了一些旧木板、钉子和锤子，开始动手制作。

虽然制作过程中遇到了一些困难，比如木板不够平整，或者钉子钉歪了，但阿木没有放弃。他记得妈妈告诉他的话："遇到困难时，不要害

怕，要勇敢地面对。”

经过一番努力，阿木终于完成了小鸟窝。他把它安放在了院子里的一棵树上，不久，一对小鸟飞来，住了进去。阿木看着小鸟们快乐地唱歌，非常满足和高兴。

当我们有了一个好主意时，不要犹豫，不要拖延。立刻行动，你就能看到美好的结果。我们无论做什么事情，都要有这样的精神：拒绝拖延，想到就立刻行动。这样，我们的生活会充满更多的成就感和快乐。

心灵课堂

* 我们可以制订一个小计划，并把计划写在纸上，贴在书桌前，这样我们就能时刻提醒自己按计划行事。

* 分解任务，我们可以把任务分成小部分，一步一步来完成。比如，写一篇作文，可以先写开头，再写中间，最后写结尾。

* 立刻行动。不要总是想着“等会儿”“明天再说”，而是现在就开始。

自律者，才会拥有自由

导语

你知道什么是自律和自由吗？自律是指一个人能够控制自己的行为，遵守规则和标准，而自由则是指有能力按照自己的意愿行事。这两个概念看似相反，但实际上是相辅相成的。

你知道吗？真正的自由并不是毫无约束的放纵，而是建立在自律的基石之上。

当一个人足够自律时，他能够合理地规划时间，高效完成任务。比如，一个学生自律地安排学习时间，按时完成作业和复习功课，那么在考试中取得好成绩后，他便能自由地选择自己喜欢的学校和专业。这种因自律而获得的成果，为他在未来的人生道路上提供了更多的选择自由。

莎莎是一个很自律的小朋友。一天，她的同学们都去公园玩耍，邀请莎莎一起去。莎莎知道自己还有未完成的作业，于是她决定先完成作业，再去玩。她坐在书桌前，专心致志地写着，没有因外面的嬉戏声而分心。

一个小时后，莎莎完成了作业。她感到非常高兴和自豪，因为她知道

她做出了正确的选择。她现在可以无忧无虑地去玩耍了。她跑到公园，找到了她的朋友们。她们都很惊讶莎莎怎么这么快就完成了作业，她知道只有先完成任务，她才能真正享受游戏的乐趣。

莎莎笑着说："我现在没有作业的压力，我可以完全放松和享受。"

自律不是限制，而是通往自由的桥梁。它教会我们如何管理时间，如何优先考虑学习任务，以及如何享受我们努力后的成果。

心灵课堂

* 给自己设定一个小目标，比如每天读书或写日记。

* 制订计划。把每天要做的事情列一个清单，按时完成。

* 坚持不懈。刚开始可能会有点难，但只要坚持下去，你会发现自己越来越自律。

对抗固有思维，培养创新思维

导语

你有没有想过，为什么有些人总是能想到与众不同的好主意，而有些人却总是按部就班呢？其实，这和我们的大脑习惯有很大关系。今天，我想和大家聊聊如何对抗固有思维，让创新思维成为我们的好朋友。

固有思维就是我们习惯性地用同样的方式去思考和解决问题。比如，每天早上起床后，你总是先刷牙再吃早餐，这就是一种固有思维。

固有思维有时候会让我们觉得安全和舒适，但它也会限制我们的想象力和创造力。

对抗固有思维可以帮助我们发现新的可能性，解决问题时有更多的选择。比如，当你遇到一道难题不知如何解答时，换个角度思考，问题也许就迎刃而解。

浩宇是个聪明又好奇心强的孩子，但他总是习惯用同样的方法去做事情。每天早上，他都会按部就班地起床、刷牙、吃早餐，然后去上学。

有一天，老师给全班同学布置了一道特别的作业：用废旧材料制作一个有趣的玩具。浩宇回到家后，开始思考该怎么做。他习惯性地拿起一些纸板和胶水，准备做一个纸飞机。可是，他突然想到，大家可能都会做纸飞机，那样就没有新意了。

于是，浩宇决定尝试一些不同的东西。他走进厨房，看到了一些废旧的塑料瓶和瓶盖。他灵机一动，决定用这些材料来做一个小机器人。他先用瓶盖做机器人的轮子，用塑料瓶做机器人的身体，然后用一些旧电线做机器人的手臂。经过一番努力，浩宇终于完成了他的作品。

第二天，浩宇带着他的机器人去学校展示。老师和同学们都惊讶地看着这个用废旧材料做成的小机器人，纷纷称赞浩宇的创意。老师还特别表

扬了浩宇，说他打破了固有思维，勇敢地尝试了新的方法。

从那以后，浩宇开始更加注重培养自己的创新思维。他不再满足于按部就班地做事情，而是经常尝试新的方法，寻找新的解决方案。浩宇发现，创新不仅让他在解决问题时更加灵活，还让他的生活变得更加有趣。

通过浩宇的故事，我们可以看到，打破固有思维，尝试新的方法，可以带来意想不到的惊喜和收获。希望大家也能像浩宇一样，勇敢地对抗固有思维，让创新思维成为你们的好朋友！

心灵课堂

* 多问“为什么”。当你遇到问题时，不要急着找答案，先问问自己“为什么会这样”。

* 尝试新事物。不要害怕尝试新事物。比如，尝试一种新的游戏，学习一种新的技能，或者和不同的人交流。

* 好奇心是创新思维的源泉。对周围的事物保持好奇，勇于提问，勇于探索，你会发现世界变得更加有趣。

勇于担当，责任面前不逃避

导语

你有没有遇到过这种情况：当你犯了错误或者遇到困难时，想要逃避责任？其实，勇于担当是一个非常重要的品质，它能帮助我们成长为一个有责任感的人。今天，我想和大家聊聊为什么我们要勇于担当，以及如何在责任面前不逃避。

勇于担当就是在面对责任和困难时，不逃避、不推卸，而是勇敢地承担起自己的责任。比如，当你不小心打碎了家里的花瓶，勇于担当就是主动承认错误，而不是把责任推给别人。

为什么勇于担当很重要呢？首先，它能帮助我们成长和学习。其次，它能帮助我们建立信任和尊重。最后，它能让我们感到自豪和满足。

有一天，学校组织了一次大扫除活动，每个同学都被分配了不同的任务。笑笑和她的好朋友阿伟被分配到清理操场的任务。

他们开始工作时，发现操场上有很多垃圾，特别是一个角落里堆满了废纸和塑料瓶。阿伟看到这么多垃圾，觉得很麻烦，就对笑笑说：“我们去别的地方清理吧，这里太脏了。”

笑笑看了看那堆垃圾，虽然也觉得很麻烦，但她知道这是他们的责任。她对阿伟说：“这是我们的任务，我们不能逃避。我们一起努力，一定能把这里清理干净。”

阿伟听了笑笑的话，虽然有些不情愿，但还是决定和笑笑一起清理。他们拿起扫帚和垃圾袋，开始认真地清理垃圾。虽然过程很辛苦，但他们没有放弃。经过一番努力，操场的角落终于变得干净整洁。

老师看到笑笑和阿伟的努力，非常高兴，表扬了他们的勇敢和责任

感。阿伟也感到很自豪，他对笑笑说：“谢谢你，笑笑。要不是你，我可能就逃避了这个任务。”

笑笑微笑着说：“这是我们应该做的。勇于担当，责任面前不逃避，这样我们才能成为更好的人。”

勇于担当和不逃避责任是我们成长过程中至关重要的品质。每一次担当，都是一次自我提升的机会，是走向成熟的必经之路。希望你们在日常生活中，也能像笑笑一样，勇敢地面对责任，不逃避、不推卸。相信你们一定能成为有责任感的小小勇士！

心灵课堂

* 认识到我们的责任。我们需要知道自己要做什么，这是我们的第一步。
* 坚持到底。即使遇到挑战，我们也不要放弃，要坚持到底。
* 寻求帮助。如果我们遇到困难，我们可以向家人、老师或朋友寻求帮助。

言出必行，做信守承诺之人

导语

当我们答应了别人一件事情，就要尽力去做到，这叫作言出必行。信守承诺不仅能让我们赢得别人的信任，还能帮助我们成长为一个有责任感的人。今天，让我们一起来学习如何做到言出必行，成为一个信守承诺的小小勇士吧！

在我们的生活中，言出必行是一种非常重要的品质。它意味着一个人说出的话就像是做出的承诺，必须去实现。

这不仅仅是对别人的承诺，也是对自己的承诺。当我们做到言出必行时，我们就会赢得别人的信任和尊重。

小美聪明又善良，大家都很喜欢她。有一天，学校组织了一次义卖活动，目的是为需要帮助的小朋友筹集善款。小美自告奋勇地对老师说："老师，我愿意负责制作和销售手工艺品！"

老师高兴地答应了她的请求，并对她说："小美，你很有责任心。谢谢你。但记得，一定要言出必行哟！"

小美回到家后，开始准备制作手工艺品。她找来了彩纸、剪刀、胶水和一些装饰品，打算制作一些漂亮的贺卡。可是，当她开始制作时，发现制作贺卡比她想象的要难得多。她做了几张后，觉得很累，想要放弃。

就在这时，小美想起了自己对老师和同学们的承诺。她对自己说：“我答应了大家，就一定要做到！”于是，她继续努力，认真地制作每一张贺卡。虽然过程很辛苦，但小美没有放弃。

义卖活动当天，小美带着她精心制作的贺卡来到学校。她在摊位上热情地向大家介绍自己的作品，很多同学和家长都被她的努力和创意打动，

纷纷购买她的贺卡。最终，小美成功地为需要帮助的小朋友筹集到了不少善款。

老师和同学们看到小美的努力和坚持，都纷纷称赞她的言出必行。老师特别表扬了小美，说：“小美，你真是一个信守承诺的好孩子！”

小美听了，心里感到非常自豪。她明白了，信守承诺不仅让她赢得了大家的信任和尊重，还让她学会了如何面对困难和挑战。

小朋友们，当我们做出承诺，都应该尽力去实现。因为每一次信守承诺，我们都在为自己的诚信大厦添砖加瓦。

心灵课堂

* 在答应别人之前，先想一想自己是否真的有能力和时间去完成。

* 当你答应了别人一件事情，可以把它记在日记本上或者手机里，提醒自己不要忘记。

* 如果在完成承诺的过程中遇到了困难，不要害怕告诉对方。可以和对方沟通，看看是否有其他的解决办法。

人变优秀，从坚持阅读开始

导语

阅读不仅能带给我们快乐，还能改变我们的命运。通过阅读，我们可以开阔视野、增长知识、提高语言能力、培养思考能力和激发想象力。今天，让我们一起来学习为什么持续阅读这么重要，以及如何养成阅读的好习惯吧！

你们可能听过这样一句话：“知识改变命运。”这句话听起来很神奇，对吧？但它是真的！知识就像一把钥匙，可以打开新世界的大门，带领我们去探索未知的领域。

想象一下，当你读一本关于恐龙的书时，你就能穿越回史前时代，了解这些巨大生物的生活。当你学习数学时，你就能学会解决复杂的问题，就像一个侦探一样。每一本书、每一次学习，都是一次新的冒险。

小强非常喜欢玩游戏，但他不太喜欢读书。每次妈妈让他读书时，他总是找各种借口逃避。

有一天，学校图书馆举办了一次阅读比赛，要求每个同学在一个月内读完三本书，并写下读书心得。小强的好朋友小丽兴奋地对他说：“小强，我们一起参加吧！读书很有趣的！”

小强有些犹豫，但看到小丽那么开心，他也决定试一试。于是，小强和小丽一起去图书馆借了几本书。小强选了一本关于恐龙的科普书，因为他对恐龙很感兴趣。

刚开始，小强觉得读书很枯燥，但随着他深入书中的世界，他发现了很多有趣的知识。他了解到恐龙的种类、生活习性和灭绝的原因，这让他感到非常兴奋。每当他读到有趣的内容时，他都会和小丽分享，两人一起讨论。

一个月过去了，小强不仅读完了三本书，还写下了详细的读书心得。

在阅读比赛的颁奖典礼上，小强因为出色的表现获得了“最佳读书小达人”的称号。老师和同学们都为他感到骄傲。

从那以后，小强爱上了阅读。他发现，书籍不仅能带给他快乐，还能让他学到很多新知识。小强每天都会抽出时间来读书，他的视野变得更加开阔，知识也越来越丰富。

希望你们也能像小强一样，养成阅读的好习惯，通过阅读开阔视野、增长知识、提高语言能力、培养思考能力和激发想象力。相信你们一定能通过阅读改变自己的命运，成为一个有智慧、有见识的读书小达人！

心灵课堂

* 每天抽出一定的时间来阅读，无论是早上、午休还是睡前。
* 选择自己感兴趣的书籍来阅读，这样会更有动力。
* 和朋友一起阅读，互相推荐好书，分享读书心得。
* 读完一本书后，可以写下自己的读书心得和感受。

建立规律的作息习惯

导语

你知道吗？按时睡觉和起床不仅能让我们感觉精神焕发，还能让我们的生活变得更加美好。良好的作息习惯可以帮助我们保持身体健康、提高学习效率、稳定情绪和增强体力。今天，让我们一起来学习为什么良好的作息这么重要，以及如何养成良好的作息习惯吧！

良好的作息习惯，意味着我们每天都要按时睡觉和起床。这样，我们的身体就能得到充分的休息，第二天醒来时，精力会更充沛，学习和玩耍也会更有活力。

当我们每天都有足够的睡眠，我们的心情也会变得更好，就像晴朗的天空一样，没有令人烦恼的乌云。

除了充足的睡眠，良好的作息还包括合理的饮食和适量的运动。吃好、睡好、玩好，这三件事情是我们健康成长的重要部分。当我们吃的食物营养丰富，身体就会变得更强壮。而且，当我们每天都有时间去户外跑跑跳跳，我们的身体和心灵也都会感到快乐。

舟舟非常喜欢玩游戏，经常玩到很晚才睡觉。早上起床时，他总是觉得很累，上课时也常常打瞌睡，学习成绩因此下降了。

有一天，老师在课堂上讲到了良好作息的重要性。老师说：“按时睡觉和起床可以让我们保持身体健康，提高学习效率，保持情绪稳定。”舟舟听了，决定尝试改变自己的作息习惯。

从那天起，舟舟给自己制定了一个作息时间表。他决定每天晚上九点半上床睡觉，早上七点起床。刚开始，舟舟觉得有些不习惯，但他坚持了下来。

为了帮助自己更好地入睡，舟舟在睡前不再玩电子产品，而是读一些

轻松的故事。他还保持卧室的安静和整洁，营造一个良好的睡眠环境。每天早上，舟舟按时起床，做一些简单的运动，开始新的一天。

几周后，舟舟发现自己的精神状态变得好多了。他在课堂上不再打瞌睡，学习效率也提高了。老师和同学们都注意到了舟舟的变化，纷纷称赞他的努力和坚持。

良好的作息对我们的生活有多么重要。当你坚持规律作息，身体会越来越健康，精神会越来越充沛，情绪也会变得更加稳定。相信你们一定能通过良好的作息，让生活变得更加晴朗和美好，让未来充满无限可能和希望。

心灵课堂

* 制定合理的作息时间表，规定每天的睡觉和起床时间。
* 尽量避免熬夜，特别是不要在睡前玩电子产品。
* 每天进行适量的运动，可以帮助我们更好地入睡。
* 避免在睡前吃太多食物，特别是甜食和含咖啡因的饮料。